陕西特色农业气象服务手册

李艳莉　主编

图书在版编目（CIP）数据

陕西特色农业气象服务手册 / 李艳莉主编. -- 北京：
气象出版社，2023.9
ISBN 978-7-5029-8060-3

Ⅰ. ①陕… Ⅱ. ①李… Ⅲ. ①农业气象－气象服务－
陕西－手册 Ⅳ. ①S165-62

中国国家版本馆CIP数据核字(2023)第191313号

出版发行：气象出版社
地　　址：北京市海淀区中关村南大街46号　　**邮政编码**：100081
电　　话：010-68407112（总编室）　010-68408042（发行部）
网　　址：http://www.qxcbs.com　　**E-mail**：qxcbs@cma.gov.cn
责任编辑：隋珂珂　　**终　　审**：张　斌
责任校对：张硕杰　　**责任技编**：赵相宁
封面设计：艺点设计
印　　刷：北京建宏印刷有限公司
开　　本：889 mm×1194 mm　1/32　　**印　　张**：7.25
字　　数：210千字
版　　次：2023年9月第1版　　**印　　次**：2023年9月第1次印刷
定　　价：46.00元

《陕西特色农业气象服务手册》
编委会

编制组

注：李艳莉牵头负责苹果，符昱牵头负责猕猴桃，贺文丽牵头负责葡萄，柴芊牵头负责柑橘，张勇牵头负责红枣，高峰牵头负责核桃，梁轶牵头负责茶树。

目　录

第 1 章　陕西苹果气象服务

苹果原产于欧洲、中亚和我国新疆西部一带，栽培历史已有 5000 年以上。我国苹果生产面积和产量均占世界生产规模的 40％以上，主要集中在渤海湾、西北黄土高原、黄河故道和西南冷凉高地四大产区。陕西属于西北黄土高原产区，其苹果产量、面积均居全国第一位，产量占全国苹果总产的 1/4、世界苹果总产的 1/7，是联合国粮农组织认定的世界苹果最佳优生区，也是全球集中连片种植苹果最大区域。

苹果喜冷凉气候，生长最适宜温度条件为年平均气温 7～14 ℃，冬季最冷月(1 月)平均气温要求在－10～7 ℃之间，低于－15 ℃就会发生冻害，整个生长期(4—10 月)要求平均气温在 12～18 ℃。

光照对苹果树的生长、结果、品质具有决定性作用，光照强、光质好，树势缓和，果实含糖量高，着色好。生产优质苹果一般要求年日照时数 2200～2800 h，日照百分率一般要求 57％～64％，低于 1500 h 就不利于果实着色，果实生长后期月平均日照时数小于 150 h 会明显影响果实品质。

苹果在其系统生长发育过程中，形成了喜半干旱气候的特征。世界苹果主产区的年降水量大多在 500～800 mm，4—10 月生长期降水量在 350～600 mm。年降水量低于 300 mm 的地区有灌溉条件也可栽培，但降水量大于 900 mm 的地区不适宜栽培。各生育期水分需求不同，花芽分化和果实成熟期，要求空气比较干燥，日照充足，则花芽饱满，果面光洁，色泽浓艳。如雨量过多，日照不足，则易造成枝叶徒长，花芽分化不良，产量低而不稳，病虫害严重，果实质量差(王景红 等，2010)。

1.1 陕西省苹果产量与面积、主栽区

2006—2020 年陕西苹果产量与面积、主栽区 *

年份	全省总面积、总产量		主产地产量					
			榆林	延安	宝鸡	铜川	咸阳	渭南
	面积/hm²	产量/t	产量/t	产量/t	产量/t	产量/t	产量/t	产量/t
2006	462146	6499755	114673	1178175	333103	298540	2568877	1200284
2007	484855	7015682	95734	1380908	354621	322834	2591959	1210942
2008	530871	7455054	107414	1642816	391571	355693	3184291	1348448
2009	564933	8051728	123048	1969101	507081	447769	3781018	1751151
2010	601518	8560132	140053	2215184	534139	532015	4015329	1826027
2011	623188	9029316	149227	2438139	639827	605229	4400670	1929095
2012	645677	9650885	167646	2600206	660138	647008	4549358	1949679
2013	665220	9428230	163751	2440059	663711	647689	4538669	1929175
2014	681803	9880128	200161	2614373	680618	663312	4615995	1937295
2015	628549	10372974	189728	2734600	734682	691986	4707111	1991745
2016	704755	11007822	210070	3031843	749045	715419	4723312	2049356

* 数据来源于《陕西统计年鉴》。

续表

年份	全省总面积、总产量		主产地产量					
			榆林	延安	宝鸡	铜川	咸阳	渭南
	面积/hm^2	产量/t	产量/t	产量/t	产量/t	产量/t	产量/t	产量/t
2017	725236	11539402	271992	3231505	779411	753057	4763278	2148145
2018	597570	10086877	865252	2891988	640971	518185	3418465	1652500
2019	614573	11355809	976407	3497990	708982	557993	3776145	1737420
2020	620182	11852143	1069476	3703922	739833	590618	3861867	1788942

陕西苹果种植基地县

果区	基地县				
陕北	米脂	子洲	绥德	延长	富县
	安塞	宜川	延川	志丹	甘泉
	吴起	子长	宝塔区	洛川	黄陵
渭北西部	彬县	长武	淳化	陇县	千阳
	宜君	永寿	旬邑		
渭北东部	白水	澄城	富平	韩城	合阳
	蒲城	铜川	耀州	大荔	临渭
关中	陈仓区	凤翔	扶风	礼泉	岐山
	乾县	三原	凤县		

1.2 陕西苹果物候历、物候期气象条件与指标

陕西苹果(富士系)物候历(旬/月)

主产区	萌芽期	开花期	幼果期	果实发育期	果实着色成熟期	落叶期	休眠期
陕北、渭北西	中/3—上/4	中/4—下/4	上/5—下/5	上/6—下/9	上/10—中/10	下/10	上/11—上/3
关中、渭北东	上/3—中/3	下/3—上/4	中/4—上/5	中/5—上/9	中/9—上/10	中/10—中/11	下/11—下/2

陕西苹果(富士系)各物候期气象条件与指标

物候期	主产区	时段	有利气象条件	不利气象条件	气候背景
萌芽期	陕北、渭北西	中/3—上/4	最适宜气温 10～15 ℃	春季温暖干旱利于白粉病发生	平均气温:5.5～8.9 ℃;降水量:16～29.5 mm;日照时数:151.9～243.8 h
	关中、渭北东	上/3—中/3			平均气温:5.4～7.6 ℃;降水量:7.9～16.9 mm;日照时数:78.7～129.4 h

续表

物候期	主产区	时段	有利气象条件	不利气象条件	气候背景
开花期	陕北、渭北西	中/4—下/4	1. 最适宜气温15～20 ℃； 2. 晴间多云天气； 3. 微风	1. 最低气温≤－1.7 ℃或最高气温超过25 ℃； 2. 空气相对湿度≤30%； 3. 大风、沙尘天气； 4. 终霜冻	花前≥3 ℃有效积温：96.0～196.0 ℃·d；平均气温：11.0～14.1 ℃；平均最低气温：－1.0～3.9 ℃；平均终霜日：4月8日—5月5日；降水量：13.1～24.2 mm；日照时数：124.7～175.3 h
	关中、渭北东	下/3—上/4			花前≥3 ℃有效积温：53.3～121.8 ℃·d；平均气温：9.5～12.1 ℃；平均最低气温：0.6～2.8 ℃；平均终霜日：3月26日—4月13日；降水量：16.2～23.7 mm；日照时数：86.2～144.3 h
幼果期	陕北、渭北西	上/5—下/5	1. 最适宜气温18～21 ℃； 2. 月平均日照时数＞150 h	1. 最低气温≤－1.1 ℃或最高气温≥30 ℃； 2. 50 cm土壤相对湿度小于40%	平均气温：15.7～18.9 ℃；平均最高气温：20.9～26.6 ℃；降水量：31.8～54.0 mm；日照时数：203.7～286.8 h
	关中、渭北东	中/4—上/5			平均气温：14.5～17.4 ℃；平均最高气温：21.1～23.7 ℃；降水量：31.2～44.3 mm；日照时数：166.9～238.9 h

续表

物候期	主产区	时段	有利气象条件	不利气象条件	气候背景
果实发育期	陕北、渭北西	上/6—下/9	1. 最适宜气温 22～28 ℃; 2. 月降水量 50～150 mm; 3. 50 cm 土壤相对湿度 60%～80%	1. 日最高气温≥35 ℃; 2. 50 cm 土壤相对湿度小于 40%	平均气温:19.0～22.2 ℃;极端最高气温:34.6～41.5 ℃;平均最高气温:23.3～28.9 ℃;降水量:299.3～401.9 mm;日照时数:660.4～1011.1 h
	关中、渭北东	中/5—上/9			平均气温:20.6～24.5 ℃;极端最高气温:37.6～42.7 ℃;平均最高气温:27.7～30.2 ℃;降水量:298.8～438.3 mm;日照时数:643.8～943.5 h
果实着色成熟期	陕北、渭北西	上/10—中/10	1. 无阴雨寡照天气; 2. 无高温高湿天气; 3. 气温日较差在 10 ℃ 以上; 4. 日照百分率在 50%以上	1. 持续阴雨寡照; 2. 高温高湿; 3. 日最低气温<－6 ℃	平均气温:9.5～12.6 ℃;极端最高气温:26.4～32.1 ℃;平均初霜日:10 月 1—28 日;平均阴雨日数:5～8 d;降水量:20.8～42.6 mm;日照时数:77.4～137.9 h;气温日较差:7.1～13.3 ℃
	关中、渭北东	中/9—上/10			平均气温:15.2～18.3 ℃;极端最高气温:28.9～33.8 ℃;平均初霜日:10 月 23 日—11 月 5 日;平均阴雨日数:9～12 d;降水量:68.4～90.4 mm;日照时数:102.9～181.8 h;气温日较差:8.8～9.8 ℃

续表

物候期	主产区	时段	有利气象条件	不利气象条件	气候背景
落叶期	陕北、渭北西	下/10	适宜平均气温5～10 ℃	1. 平均气温>15 ℃； 2. 霜冻	平均气温：5.7～9.4 ℃；平均初霜日：10月1—28日；降水量：4.8～10.3 mm；日照时数：51.9～83.4 h
	关中、渭北东	中/10—中/11			平均气温：8.5～10.5 ℃；平均初霜日：10月23日—11月5日；降水量：33.5～52.9 mm；日照时数：155.1～251.8 h
休眠期	陕北、渭北西	上/11—上/3	1. 月平均气温>−10 ℃； 2. 7.2 ℃以下低温1440～1663 h	1. 最低气温≤−15 ℃； 2. 7.2 ℃以下低温小于1440 h	平均气温：−3.4～1.0 ℃；极端最低气温：−28.7～−19.0 ℃；平均最低气温：−9.7～−2.7 ℃；降水量：20.0～48.0 mm；日照时数：610.7～906.3 h
	关中、渭北东	下/11—下/2			平均气温：−0.2～1.7 ℃；极端最低气温：−21.7～−16.7 ℃；平均最低气温：−4.8～−2.3 ℃；降水量：11.3～29.7 mm；日照时数：380.8～628.9 h

1.3 陕西苹果主要气象灾害

陕西苹果主要气象灾害包括：花期冻害，果实发育期高温热害、干旱，果实着色成熟期连阴雨等。

陕西苹果产区主要气象灾害

主要类型	出现时间	指标	症状	典型年
花期冻害	4月上中旬(渭北及关中) 4月中下旬(延安及以北)	以极端最低气温 T_D(℃)为评价因子：轻度冻害：$-2<T_D\leqslant0$；中度冻害：$-4<T_D\leqslant-2$；重度冻害：$T_D\leqslant-4$	花朵雌蕊变褐，花萼起泡，子房内水分结冰、脱皮，影响授粉受精，座果率降低，后期出现较多畸形果	2000、2006、2010、2013、2018
越冬冻害	11月—次年2月 (越冬期)	以极端最低气温 T_D(℃)为评价因子：轻度冻害：$-24<T_D\leqslant-20$；中度冻害：$-28<T_D\leqslant-24$；重度冻害：$T_D\leqslant-28$	树皮相对较薄的小枝发生低温冻害，轻者髓部变褐色而死亡，重者木质部和树皮变褐而枯死，冻害严重时大枝树皮也被冻伤	2008、2012、2016
高温热害	6—7月(果实发育期)	以极端最高气温 T_G(℃)为评价因子：轻度热害：$35\leqslant T_G<38$；中度热害：$38\leqslant T_G<40$；重度热害：$T_G\geqslant40$	树皮干枯开裂，严重时脱落；外露果实向阳果面退绿，形成圆斑状褐色斑块，并由内向外逐渐腐烂成烂果、腐果	2004、2005、2009
干旱	6—8月(果实发育期)	以降水距平百分率 Pa(%)为评价因子：轻度：$Pa>-50$；中度：$-70<Pa\leqslant-50$；重度：$Pa\leqslant-70$	植株出现卷叶、落叶、小果甚至落果现象，产量降低，品质下降	1987、2005、2009
着色期连阴雨	9月上旬—10月上旬 (果实着色成熟期)	连续4 d及以上日降水量≥0.1 mm，且过程降水量>20 mm的降水天气	果实不易着色，果面产生锈斑，甚至引起黑斑、红斑病和果实腐烂	2007、2011、2014

1.4 陕西苹果农业气候资源

陕西苹果产业发展较快，大部分产区苹果生产已由数量型向质量型过渡，提高果品质量是生产上的重中之重。苹果生产与气候条件关系密切，影响其生长发育的主要环境要素有温度、湿度、降水、光照、风及土壤等，良好的气象条件可有效促进果树生长发育及果品提质增效，不良的气象条件及异常变化常给苹果生产带来巨大影响。

陕西苹果产区稳定通过界限温度积温及无霜期*

初终日、积温、日数		稳定通过界限温度					无霜期
		0 ℃	5 ℃	10 ℃	15 ℃	20 ℃	
积温/(℃·d)	平均	4241	4062	3632	2941	1634	
	最大	5444	5261	5010	4288	3368	
	最小	3179	3114	2535	1520	178	

* 注：各特色作物的“农业气候资源”均以陕西特色农业种植区基地县为统计单元，下同。
各特色作物中的“农业气候资源”章节中，年、月、季、旬的气象要素均值统计时段为1981—2010年，极值数据统计时段为各基地县所在的气象站建站—2015年，下同。

续表

初终日、积温、日数		稳定通过界限温度					无霜期
		0 ℃	5 ℃	10 ℃	15 ℃	20 ℃	
初日(日/月)	平均	23/2	20/3	13/4	9/5	14/6	19/10
	最早	1/1	2/2	3/3	2/4	3/5	3/9
	最晚	28/3	27/4	16/5	21/6	10/8	23/11
终日(日/月)	平均	28/11	6/11	15/10	21/9	21/8	15/4
	最早	30/10	3/10	11/9	17/8	22/6	29/2
	最晚	31/12	10/12	16/11	22/10	25/9	8/6
持续日数/d	平均	279	232	186	137	69	186
	最长	352	287	249	189	134	259
	最短	222	177	133	75	8	101

陕西苹果产区气象要素年值

年气温/℃			年降水量/mm			年日照时数/h			年平均最低气温/℃		
平均	最高	最低	平均	最大	最小	平均	最多	最少	平均	最高	最低
11.0	15.1	7.0	540.6	998.7	237.0	2263.5	3344.9	1391.2	5.8	10.9	0.2
年平均最高气温/℃			年平均风速/(m/s)			年大风日数/d			年最大积雪深度/cm		
平均	最高	最低	平均	最大	最小	平均	最多	最少	平均	最大(出现的时间、地点)	最小(出现的时间、地点)
17.4	20.7	12.2	1.8	3.5	0.5	5	48	0	7.4	100 (1985/01/05、子洲)	0
年极端最低气温/℃			年极端最高气温/℃								
平均	最高(出现的时间、地点)	最低(出现的时间、地点)	平均	最大(出现的时间、地点)	最小(出现的时间、地点)						
−15.8	−5.7 (2015/12/17,蒲城)	−28.7 (2002/12/26,志丹)	36.3	42.8 (1966/06/21,大荔;2006/06/17,临渭)	28.0 (1958/06/18,1958/07/08,宜君)						

陕西苹果产区气象要素季值

气象要素	春季			夏季			秋季			冬季		
	产区平均	产区最高（大/多）	产区最低（小/少）	产区平均	产区最高（大/多）	产区最低（小/少）	产区平均	产区最高（大/多）	产区最低（小/少）	产区平均	产区最高（大/多）	产区最低（小/少）
平均气温	12.1	16.9	7.9	22.8	27.8	18.8	10.8	15.5	6.4	−1.7	3.5	−8.6
降水/mm	99.0	292.1	17.3	282.0	665.2	36.8	142.6	427.1	18.9	17.0	72.6	0
日照时数/h	623.5	940.6	334.9	635.4	988.2	291.3	497.5	800.9	179.7	507.1	744.1	238.3
平均最低气温/℃	6.1	11.6	0.9	17.5	22.7	12.6	6.2	11.7	−0.3	−6.4	−0.4	−14.0
平均最高气温/℃	19.0	23.7	13.3	28.9	34.3	22.9	17.2	21.9	11.6	4.9	10.4	−1.8
极端最低气温/℃	−6.7	7.1	−18.7	9.0	21.0	1.2	−7.0	15.0	−21.0	−20.5	−1.7	−28.7

续表

气象要素	春季			夏季			秋季			冬季		
	产区平均	产区最高（大/多）	产区最低（小/少）	产区平均	产区最高（大/多）	产区最低（小/少）	产区平均	产区最高（大/多）	产区最低（小/少）	产区平均	产区最高（大/多）	产区最低（小/少）
极端最低气温出现日期		2014/04/01（渭南）；2014/04/26（蒲城）	1988/03/07（甘泉）		1994/07/03（蒲城）	1962/06/09（旬邑）		200509/28（蒲城）	2004/11/26（旬邑）		2009/02/21（渭南）	2002/12/26（志丹）
极端最高气温/℃	33.9	40.7	11.0	38.9	42.8	26.7	30.7	40.3	9.3	19.7	25.6	－0.3
极端最高气温出现日期		1969/05/28（大荔）	1976/03/30（宜君）		1966/06/21（大荔）2006/06/17（渭南）	1982/08/06（宜君）		1997/09/05（千阳）	1975/11/06（旬邑）		1978/02/27（宝鸡县）	2011/01/13（绥德）
平均风速/(m/s)	2.1	4.2	0.6	1.7	3.6	0.2	1.6	3.5	0.5	1.8	3.5	0.2
大风日数/d	2	25	0	0	13	0	1	7	0	1	11	0

陕西苹果产区气象要素月值

月份		月平均气温/℃	月降水量/mm	月日照时数/h	月平均最低气温/℃	月平均最高气温/℃	月极端最低气温及出现时间、地点	月极端最高气温及出现时间、地点	月平均风速/(m/s)	月大风日数/d
1月	平均	-3.5	5.1	174.6	-8.2	3.1	-14.8	10.5	1.6	0
	最高(多、大)	2.8	35.1	261.1	-1.3	10.4	-4.6 2002/01/22(蒲城)	22.2 2007/01/29(岐山)	3.7	1
	最低(少/小)	-12.9	0	46.8	-18.2	-5.6	-28.0 1958/01/15(旬邑)	-0.3 2011/01/13(绥德)	0.1	0
2月	平均	0.2	7.9	157.7	-4.5	6.7	-11.8	15.2	1.8	0
	最高(多、大)	7.2	39.0	263.4	2.7	14.6	-1.7 2009/02/21(临渭)	25.6 1978/02/27(陈仓)	4.5	6
	最低(少、小)	-7.5	0	38.8	-13.6	-0.7	-25.2 1969/02/04(富县)	2.0 1972/02/18(旬邑)	0.5	0
3月	平均	5.8	19.7	182.3	0.5	12.4	-6.5	22.4	2.1	1
	最高(多、大)	11.6	73.3	319.8	6.4	18.4	3.0 2013/03/02(临渭)	31.7 2007/03/30(凤县)	4.2	11
	最低(少、小)	-0.8	0	61	-5.9	3.8	-18.7 1988/03/07(甘泉)	11.0 1976/03/30(宜君)	0.7	0

续表

月份		月平均气温/℃	月降水量/mm	月日照时数/h	月平均最低气温/℃	月平均最高气温/℃	月极端最低气温及出现时间、地点	月极端最高气温及出现时间、地点	月平均风速/(m/s)	月大风日数/d
4月	平均	12.7	30.7	209.6	6.3	19.7	−1.1	28.6	2.2	1
	最高(多、大)	18.2	111.0	334.7	12.4	25.6	7.1 2014/04/26(蒲城)	37.9 2006/04/30(延川、延长)	5	11
	最低(少、小)	7.6	1.2	89.9	0.4	13.0	−15.0 1962/04/03(旬邑)	20.3 1990/04/26(宜君)	0.5	0
5月	平均	17.9	48.6	231.6	11.4	24.8	4.3	32.1	2.0	1
	最高(多、大)	24.0	189.9	373.6	18.2	30.6	12.8 2013/05/29(蒲城)	40.7 1969/05/28(大荔)	4.7	13
	最低(少、小)	13.0	0	68.9	5.6	17.9	−5.6 1962/05/09(旬邑)	22.0 1964/05/06(宜君)	0.4	0
6月	平均	22.2	65.4	221.7	15.9	28.8	10.3	35.2	1.9	1
	最高(多、大)	27.0	223.5	363.1	21.4	34.3	17.9 2012/06/07(蒲城)	42.8 2006/06/17(临渭);1966/06/21(大荔)	3.8	8
	最低(少、小)	17.4	0.4	0	10.9	21.7	1.2 1962/06/09(旬邑)	26.9 1957/06/16;1976/06/12(宜君)	0.3	0

续表

月份		月平均气温/℃	月降水量/mm	月日照时数/h	月平均最低气温/℃	月平均最高气温/℃	月极端最低气温及出现时间、地点	月极端最高气温及出现时间、地点	月平均风速/(m/s)	月大风日数/d
7月	平均	24.0	103.8	215.2	18.9	29.8	14.5	35.3	1.8	0
	最高(多、大)	28.7	354.2	333.9	24.1	34.9	21.0 1994/07/03(蒲城)	41.7 1962/07(临渭)3天以上	3.9	6
	最低(少、小)	19.2	6.1	76.1	13.5	22.8	5.7 1957/07/04(旬邑)	28.0 1958/07/08;1979/07/10(宜君)	0.2	0
8月	平均	22.3	112.8	198.6	17.8	27.9	12.8	33.9	1.7	0
	最高(多、大)	28.4	410.4	327.7	23.1	34.9	20.0 1975/08/01(韩城)	40.8 1969/08/01(扶风)	4	5
	最低(少、小)	18.0	5.2	55.3	11.9	21.3	3.9 1969/08/27(志丹)	26.7 1982/08/06;1995/08/01(宜君)	0.2	0
9月	平均	17.3	84.3	161.4	12.9	23.1	6.5	29.8	1.5	0
	最高(多、大)	22.4	235.9	287.3	18.2	28.9	15.0 2005/09/28(蒲城)	40.3 1997/09/05(千阳)	3.8	4
	最低(少、小)	12.4	2.7	37.7	5.2	16.1	−6.1 1957/09/26(旬邑)	21.1 1964/09/08(宜君)	0.2	0

续表

月份		月平均气温/℃	月降水量/mm	月日照时数/h	月平均最低气温/℃	月平均最高气温/℃	月极端最低气温及出现时间、地点	月极端最高气温及出现时间、地点	月平均风速/(m/s)	月大风日数/d
10月	平均	11.1	43.7	164.4	6.5	17.4	−0.6	24.7	1.6	0
	最高(多、大)	17.1	195.9	314	13.3	22.6	8.5 2009/10/23(陈仓)	34.2 2013/10/12(临渭)	3.9	4
	最低(少、小)	5.5	0	47.8	−0.4	11.3	−12.0 1957/10/17(富县)	16.5 1973/10/31(旬邑)	0.4	0
11月	平均	4.0	14.6	171.7	−0.8	10.7	−7.6	18.7	1.7	0
	最高(多、大)	9.2	70.5	268.1	5.3	17.1	1.2 2014/11/16(临渭)	26.4 1991/11/02(陈仓)	3.9	5
	最低(少、小)	−1.4	0	33	−7.5	5.0	−21.0 2004/11/26(旬邑)	9.3 1975/11/06(旬邑)	0.4	0
12月	平均	−1.9	4.1	174.7	−6.5	4.6	−13.2	11.9	1.6	0
	最高(多、大)	3.7	27.3	268.6	−0.7	11.2	−3.9 1989/12/26(韩城)	24.1 1989/12/02(陈仓)	4.2	6
	最低(少、小)	−10.0	0	0	−15.5	−4.0	−28.7 2002/12/26(志丹)	2.2 1974/12/01(宜君); 1967/12/18(绥德)	0	0

陕西苹果产区气象要素旬值

		旬平均气温/℃			旬降水量/mm			旬日照时数/h			旬平均最低气温/℃			旬平均最高气温/℃		
		平均	最高（大/多）	最低（小/少）	平均	最高（大/多）	最低（小/少）	平均	最高（大/多）	最低（小/少）	平均	最高（大/多）	最低（小/少）	平均	最高（大/多）	最低（小/少）
1月	上旬	−3.3	4.4	−15.0	1.2	30.5	0	56.1	90.9	0	−8.1	0.4	−20.7	3.5	14.3	−7.1
	中旬	−3.7	3.9	−17.4	2.1	29.0	0	56.1	90.1	0	−8.5	0.5	−22.7	2.8	13.5	−10.7
	下旬	−3.4	3.9	−14.2	1.7	17.1	0	62.5	100.5	11.2	−8.3	−1.1	−20.4	3.0	12.3	−9.0
2月	上旬	−1.4	5.9	−14.2	1.5	16.3	0	58.4	93.9	3.0	−6.4	2.9	−19.6	5.3	15.0	−6.2
	中旬	0.7	8.8	−7.5	3.6	35.2	0	54.3	97.1	13.1	−4.1	3.4	−14.6	7.1	16.2	−0.7
	下旬	1.7	10.1	−6.3	2.8	28.4	0	45.0	91.2	2.1	−3.0	5.6	−13.3	8.0	18.7	−3.0
3月	上旬	3.3	9.7	−5.9	4.5	47.5	0	63.9	104.2	11.7	−2.1	4.6	−12.5	10.4	17.3	1.5
	中旬	6.0	13.0	−0.1	7.3	48.4	0	54.0	103.7	0	1.0	8.3	−7.1	12.5	21.1	3.7
	下旬	7.8	16.7	1.3	7.9	72.8	0	64.5	119.8	0	2.4	11.2	−4.1	14.4	23.9	3.9
4月	上旬	10.8	17.9	3.2	9.3	58.3	0	66.6	114.7	7.0	4.9	12.4	−2.9	17.8	25.1	7.3
	中旬	12.5	20.0	6.6	10.3	77.2	0	69.5	117.3	20.5	6.2	14.5	−1.4	19.8	27.1	11.0
	下旬	14.5	22.0	7.6	11.1	79.0	0	73.5	120.5	1.5	8.1	16.4	0.8	21.8	30.1	11.7

续表

		旬平均气温/℃			旬降水量/mm			旬日照时数/h			旬平均最低气温/℃			旬平均最高气温/℃		
		平均	最高（大/多）	最低（小/少）	平均	最高（大/多）	最低（小/少）	平均	最高（大/多）	最低（小/少）	平均	最高（大/多）	最低（小/少）	平均	最高（大/多）	最低（小/少）
5月	上旬	16.7	23.4	8.4	11.9	67.2	0	75.0	119.9	1.2	10.2	17.4	2.4	23.9	30.8	13.1
	中旬	17.4	24.0	10.0	19.0	114.3	0	73.1	123.5	3.5	11.1	17.6	3.7	24.2	31.1	14.2
	下旬	19.4	25.8	13.5	17.7	140.5	0	83.5	145.0	27.1	12.9	20.4	7.6	26.4	33.0	18.3
6月	上旬	20.9	27.7	14.0	19.6	143.0	0	75.1	124.7	12.2	14.5	22.4	8.6	27.8	34.5	17.1
	中旬	22.2	29.0	16.2	21.5	121.6	0	71.8	129.5	9.6	16.1	22.8	9.8	28.9	36.8	19.8
	下旬	23.3	29.9	17.1	24.3	127.9	0	75.0	126.8	9.2	17.3	24.1	10.7	29.9	37.2	19.7
7月	上旬	23.5	29.5	16.9	37.4	341.9	0	67.9	117.6	3.0	18.3	24.2	12.9	29.6	36.6	21.1
	中旬	24.0	30.7	18.6	28.4	195.6	0	70.5	123.7	7.0	19.0	26.9	12.4	29.9	37.5	21.8
	下旬	24.3	31.2	18.2	38.0	261.2	0	76.8	133.2	10.6	19.5	25.4	12.7	30.1	37.3	21.8
8月	上旬	23.9	30.1	18.5	31.8	241.6	0	70.5	116.8	2.7	19.3	24.7	12.8	29.6	36.2	21.9
	中旬	22.0	28.6	16.6	40.3	232.6	0	61.6	118.3	15.7	17.7	24.6	11.7	27.5	34.2	20.8
	下旬	20.9	30.1	15.9	40.7	234.1	0	66.5	129.8	0	16.5	24.2	9.8	26.7	37.0	18.8

续表

		旬平均气温/℃			旬降水量/mm			旬日照时数/h			旬平均最低气温/℃			旬平均最高气温/℃		
		平均	最高（大/多）	最低（小/少）	平均	最高（大/多）	最低（小/少）	平均	最高（大/多）	最低（小/少）	平均	最高（大/多）	最低（小/少）	平均	最高（大/多）	最低（小/少）
9月	上旬	19.3	27.6	13.6	29.6	182.7	0	56.1	116.0	0	14.9	21.3	8.1	25.0	35.0	16.1
	中旬	17.3	25.7	10.3	26.8	153.1	0	54.8	107.4	0	12.9	21.7	4.3	23.3	30.9	12.5
	下旬	15.3	21.1	9.8	27.9	113.0	0	50.5	108.2	0	11.0	17.0	3.0	21.2	28.1	12.2
10月	上旬	13.3	22.6	7.0	17.1	123.0	0	52.0	105.5	0	8.8	16.5	0.8	19.6	30.2	11.0
	中旬	11.3	18.6	4.3	18.7	112.6	0	47.8	103.8	0	7.0	14.9	−0.4	17.2	25.2	6.5
	下旬	8.9	16.4	2.2	8.0	46.0	0	64.6	110.8	7.6	4.0	11.5	−4.4	15.8	22.8	9.1
11月	上旬	6.8	13.4	0.2	6.8	43.3	0	60.9	98.9	6.5	1.7	7.7	−6.4	14.1	21.5	4.9
	中旬	3.6	10.2	−5.9	5.4	58.2	0	55.2	92.1	5.1	−0.9	6.8	−10.3	10.1	17.4	−2.0
	下旬	1.6	7.8	−8.0	2.4	25.8	0	55.6	89.1	0	−3.0	5.7	−13.2	8.2	16.1	−2.6
12月	上旬	−0.5	6.2	−7.9	1.2	13.1	0	57.1	88.7	6.8	−5.0	2.4	−14.5	6.0	15.6	−1.4
	中旬	−2.0	4.4	−10.2	1.3	25.1	0	57.0	90.9	0	−6.6	0.3	−16.6	4.6	12.9	−5.0
	下旬	−3.0	5.5	−16.6	1.5	15.4	0	60.8	96.7	0	−7.8	1.8	−22.0	3.5	12.7	−9.3

1.5 陕西苹果气象周年服务方案

1月

重要天气:大风降温(寒潮);

主要节气:小寒、大寒。

区域	物候期	主要农时与农事	重点关注气象要素	主要农业气象灾害及其影响特征
全区	休眠期	制定计划、整形修剪、冻害防御	日最低气温≤−20 ℃(冻害)	越冬冻害:枝条髓部变褐色而死亡,重者木质部和树皮变褐而枯死

2月

重要天气:大风降温(寒潮);

主要节气:立春、雨水。

区域	物候期	主要农时与农事	重点关注气象要素	主要农业气象灾害及其影响特征
全区	休眠期	整形修剪、清洁果园、腐烂病防治	日最低气温≤−20 ℃(冻害)	越冬冻害:枝条髓部变褐色而死亡,重者木质部和树皮变褐而枯死

3月

重要天气：倒春寒、气温骤升；

主要节气：惊蛰、春分。

区域	物候期	主要农时与农事	重点关注气象要素	主要农业气象灾害及其影响特征
陕北、渭北西	休眠期—萌芽期	腐烂病防治、刻芽促枝、追肥保墒	萌芽期日最低气温≤4 ℃（冻害）；花蕾期日最低气温≤－2.8 ℃（冻害）；开花期日最低气温≤－1.7 ℃（冻害）；连阴雨4天以上；4级以上大风	冻害：萌芽期受冻，芽体变褐至黑色，不能萌发，干枯脱落；花蕾期、开花期遭遇冻害冻死花器、子房受冻，影响授粉； 连阴雨：花粉失去活力，蜜蜂活动受限，影响果花授粉受精，降低座果率； 大风：影响昆虫活动、传粉，使空气湿度降低，柱头变干，花粉不能发芽
关中、渭北东	萌芽期—开花期	刻芽促枝、防御霜冻、疏蕾疏花、加强授粉		

4月

重要天气：倒春寒、气温回升；

主要节气：清明、谷雨。

区域	物候期	主要农时与农事	重点关注气象要素	主要农业气象灾害及其影响特征
陕北、渭北西	萌芽期—开花期	防御霜冻、疏蕾疏花、加强授粉	萌芽期日最低气温≤4 ℃(冻害)；花蕾期日最低气温≤−2.8 ℃(冻害)；开花期日最低气温≤−1.7 ℃(冻害)；连阴雨4天以上；4级以上大风	冻害：萌芽期受冻，芽体变褐至黑色，不能萌发，干枯脱落；花蕾期、开花期遭遇冻害冻死花器、子房受冻，影响授粉； 连阴雨：花粉失去活力，蜜蜂活动受限，影响果花授粉受精，降低座果率； 大风：影响昆虫活动、传粉，使空气湿度降低，柱头变干，花粉不能发芽
关中、渭北东	开花期—幼果期	防御霜冻、疏蕾疏花、加强授粉、疏果定果	开花期日最低气温≤−2 ℃(冻害)；幼果期日最低气温≤−1.1 ℃(冻害)	冻害：花蕾期、开花期遭遇冻害冻死花器、子房受冻，影响授粉；幼果受冻后脱皮或萎缩变黄，带梗脱落，降低产量

5月

重要天气：强降温、干旱、大风；

主要节气：立夏、小满。

区域	物候期	主要农时与农事	重点关注气象要素	主要农业气象灾害及其影响特征
陕北、渭北西	幼果期	冻害防御、疏果定果	日最低气温≤－1.1 ℃（冻害）	冻害：幼果受冻后脱皮或萎缩变黄，带梗脱落，降低产量
关中、渭北东	幼果期—果实发育期	防控病虫、叶面喷肥、灾害天气防御	6级以上大风；冰雹	大风、冰雹等强对流天气使果树叶落、果落，果面出现雹坑。枝条受损，影响当年果品产量和花芽分化

6月

重要天气：高温、干旱、冰雹、大风；

主要节气：芒种、夏至。

区域	物候期	主要农时与农事	重点关注气象要素	主要农业气象灾害及其影响特征
陕北、渭北西	幼果期	冻害防御、疏果定果	日最低气温≤－1.1 ℃（冻害）	冻害：幼果受冻后脱皮或萎缩变黄，带梗脱落，降低产量
关中、渭北东	幼果期—果实发育期	防控病虫、叶面喷肥、灾害天气防御	6级以上大风；冰雹	大风、冰雹等强对流天气使果树叶落、果落，果面出现雹坑。枝条受损，影响当年果品产量和花芽分化

7月

重要天气：高温、干旱、冰雹、大风、暴雨；

主要节气：小暑、大暑。

区域	物候期	主要农时与农事	重点关注气象要素	主要农业气象灾害及其影响特征
全区	果实发育期	防控病虫、叶面喷肥、防雹抗旱、防御高温热害	6级以上大风；冰雹；日最高气温≥35 ℃（高温热害）；50 cm土壤相对湿度≤60%（干旱）	风雹灾：大风、冰雹等强对流天气使果树叶落、果落，果面出现雹坑；枝条受损，影响当年果品产量和花芽分化； 高温热害：大于35 ℃高温会降低苹果固态物质和糖分含量，发生日烧现象； 干旱：影响果实膨大，果个小、品质差、产量低，严重时产生大量落果

8月

重要天气：高温、干旱、冰雹、大风、暴雨；

主要节气：立秋、处暑。

区域	物候期	主要农时与农事	重点关注气象要素	主要农业气象灾害及其影响特征
全区	果实发育期	拉枝秋剪、防控落叶、抗旱保墒	6级以上大风；冰雹；日最高气温≥35 ℃（高温热害）；50 cm土壤相对湿度≤60%（干旱）	风雹灾：大风、冰雹等强对流天气使果树叶落、果落，果面出现雹坑；枝条受损，影响当年果品产量和花芽分化； 高温热害：大于35 ℃高温会降低苹果固态物质和糖分含量，发生日烧现象； 干旱：影响果实膨大，果个小、品质差、产量低，严重时产生大量落果

9 月

重要天气：高温、连阴雨、早霜冻；
主要节气：白露、秋分。

区域	物候期	主要农时与农事	重点关注气象要素	主要农业气象灾害及其影响特征
全区	果实发育期一着色成熟期	果实除袋、铺反光膜、采摘成熟果、防御早霜冻	日平均气温＞25 ℃（果实不着色）；连阴雨 4 d 以上；日最低气温≤2 ℃（冻害）	气温较高时，果面不易着色，果实发育过快，耐贮力降低；阴雨寡照：使果实不着色，果面光泽度降低，风味下降；早霜冻：易使果实受冻，影响商品价值和种植收益

10 月

重要天气：早霜冻、连阴雨；
主要节气：寒露、霜降。

区域	物候期	主要农时与农事	重点关注气象要素	主要农业气象灾害及其影响特征
全区	着色成熟期—落叶期	采摘成熟果、秋施基肥、防控病虫	连阴雨 4 d 以上；日最低气温≤2 ℃（冻害）	阴雨寡照：使果实不着色，果面光泽度降低，风味下降；早霜冻：易使果实受冻，影响商品价值和种植收益

11月

重要天气：大风降温（寒潮）；

主要节气：立冬、小雪。

区域	物候期	主要农时与农事	重点关注气象要素	主要农业气象灾害及其影响特征
陕北、渭北西	休眠期	防控病虫、秋耕保墒、清园涂白	日平均气温≥10 ℃（不利于休眠）	气温偏高时，果树抗寒能力降低，未能正常进入深度休眠期，生长规律受扰
关中、渭北东	落叶期—休眠			

12月

重要天气：大风降温（寒潮）；

主要节气：大雪、冬至。

区域	物候期	主要农时与农事	重点关注气象要素	主要农业气象灾害及其影响特征
全区	休眠期	防控腐烂病、制定冬剪方案、修剪成龄树、冻害防御	日最低气温≤－20 ℃（冻害）	冻害：枝条髓部变褐色而死亡，重者木质部和树皮变褐而枯死

第2章　猕猴桃气象服务

温度对猕猴桃的分布起决定作用，一般以年平均气温15～18.5 ℃，极端最高气温33.3～41.1 ℃，7月平均最高气温30～34 ℃，极端最低气温－20.3 ℃，1月平均最低气温－5～－4 ℃，≥10 ℃的有效积温4500～5200 ℃·d，无霜期210～290 d的地区最为适宜。萌芽期遭受晚霜冻危害时，新梢受冻、花芽易脱落，结果不良；成熟期遇早霜冻，果实成熟不良，品质低下，果皮易皱，易发酵变质。

温度在猕猴桃生长发育过程中常起主导作用，在冬季自然休眠期，需要有一定的低温，否则不能正常生长发育。据研究，猕猴桃自然休眠期5～7 ℃低温下最有效，4～10 ℃低温较为有效，低于0 ℃时作用不理想。冬季经672～1008 h(6～8周)4 ℃的低温积累，即可满足休眠的需要。

2.1 陕西猕猴桃产量与面积、主栽区

1999—2020年陕西猕猴桃产量与面积、主栽区

年份	全省总面积、总产量		主产地产量							
			西安	宝鸡	咸阳	渭南	汉中	安康	商洛	杨凌
	面积/hm^2	产量/t	产量/t	产量/t	产量/t	产量/t	产量/t	产量/t	产量/t	产量/t
1999	15433	107973	11111	2500	424	20	830	203	70	275
2000	16260	164666	96640	59858	3027	120	2713	287	329	1692
2001	16566	160375	105064	43185	4646	131	3558	1949	262	1562
2002	16314	175738	111858	61638	4905	232	3969	932	320	1884
2003	15909	204697	105784	55740	5010	240	4201	1131	160	5903
2004	16310	231679	143697	58640	4770	398	5649	1398	282	6845
2005	16088	240319	137853	75010	4975	319	5350	732	495	5585
2006	19649	277609	153678	105831	4960	630	5441	717	695	5585
2007	22005	298097	146301	109830	5738	691	5593	482	530	11555
2008	27656	349801	210393	150924	6533	862	5620	638	586	13836

续表

年份	全省总面积、总产量		主产地产量							
			西安	宝鸡	咸阳	渭南	汉中	安康	商洛	杨凌
	面积/hm²	产量/t	产量/t	产量/t	产量/t	产量/t	产量/t	产量/t	产量/t	产量/t
2009	38342	500286	233296	211325	6658	1286	8104	864	798	12955
2010	47239	629341	296023	294768	6828	1647	8741	928	896	18264
2011	50303	735748	357066	412548	6963	3506	8945	1319	899	27588
2012	57600	822886	386336	453900	12639	3797	8847	1560	1061	27640
2013	60967	1033774	395847	488002	13875	1852	9585	1556	1084	28738
2014	62003	1205886	410614	531507	14965	3749	9771	1644	1110	29745
2015	62070	1243515	425250	550650	15335	4562	12372	2651	1200	30984
2016	63161	1312506	441735	576302	15585	5802	18769	2947	1144	30848
2017	66669	1389726	456634	580343	16536	6388	23032	3147	1385	30925
2018	53162	947888	358262	462645	32872	32290	24989	3448	588	32794
2019	58455	1072439	424486	503842	37431	35571	31740	4340	671	34358
2020	61213	1158336	450960	535818	39482	41148	49114	5444	752	35618

陕西猕猴桃种植基地县

果区	地市	基地县
秦岭北麓、渭河以南地区	宝鸡	眉县
	咸阳	武功
	西安	周至、鄠邑、长安、蓝田
	渭南	临渭、华州、华阴
陕南	汉中	城固

2.2 陕西猕猴桃物候历、物候期气象条件与指标

猕猴桃物候历(旬/月)

主产区	萌芽期	萌芽-展叶期	开花期	果实生长期	成熟期	叶变色期	落叶期	休眠期
关中	上/3—中/3	下/3—下/4	上/5—中/5	下/5—上/9	中/9—中/10	下/10—上/11	中/11—下/11	上/12—次年下/2
陕南	上/3—中/3	下/3—下/4	上/5—中/5	下/5—下/8	上/9—中/10	下/10—上/11	中/11—下/11	上/12—次年下/2

陕西猕猴桃物候期气象条件与指标

物候期	主产区	有利气象条件	不利气象条件	气候背景
萌芽期	关中 陕南	平均气温6～12 ℃；最低气温≥5 ℃且≤9 ℃；相对湿度75%～80%；平均风速≤5 m/s	平均气温＜8 ℃或≥16 ℃；最低气温＜2 ℃或≥10 ℃；相对湿度＜50%或＞90%；大风：平均风速＞9 m/s；晚霜冻：最低气温≤－1.5 ℃持续1 h以上	≥5 ℃活动积温：99.8～120.5 ℃·d 平均气温：6.7～8.4 ℃；极端最低气温：－9.3～－5.5 ℃；平均最低气温：－3.4～－0.2 ℃；降水量：11.3～19.3 mm；日照时数：74.0～104.3 h
萌芽—展叶期		平均气温12～15 ℃；相对湿度75%～80%；平均风速≤5 m/s	平均气温＜10 ℃或≥18 ℃；最低气温＜4 ℃或≥20 ℃；相对湿度＜50%或＞85%；大风：平均风速＞10 m/s；晚霜冻：最低气温≤－1.5 ℃持续1 h以上	≥10 ℃活动积温：442.0～527.6 ℃·d 平均气温：12.7～14.2 ℃；极端最低气温：－5.6～－1.9 ℃；平均最低气温：1.8～5.5 ℃；平均终霜日：3月18日—4月9日；降水量：43.7～61.6 mm；日照时数：188.5～252.5 h
开花期		平均气温15～17 ℃；相对湿度75%～80%；平均风速≤5 m/s	平均气温＜12 ℃或≥23 ℃；最低气温＜5 ℃或≥23 ℃；相对湿度＜60%或＞85%；大风：平均风速＞8 m/s；风灾：大于6级；冰雹	≥10 ℃活动积温：361.3～394.1 ℃·d 平均气温：18.1～19.7 ℃；降水量：36.4～54.7 mm；日照时数：114.4～142.1 h
果实生长期		平均气温20～25 ℃；相对湿度75%～80%；平均风速≤5 m/s	平均气温＜16 ℃或≥28 ℃；最低气温＜6 ℃或≥23 ℃；最高气温＜16 ℃或≥35 ℃；相对湿度＜50%或＞90%；风灾：大于6级；高温热害：持续出现日最高气温35 ℃以上高温天气；干旱；冰雹	关中：平均气温：23.5～25.0 ℃；极端最高气温：40.3～43.3 ℃；平均最高气温：33.7～35.5 ℃；降水量：305.1～449.9 mm；日照时数：631.0～786.0 h；陕南：平均气温：22.4～26.1 ℃；最高气温：33.5～39.1 ℃；降水量：184.8～766.0 mm；日照时数：432.4～850.8 h

续表

物候期	主产区	有利气象条件	不利气象条件	气候背景
成熟期	关中 陕南	平均气温15～20 ℃；相对湿度75%～80%；平均风速≤5 m/s	平均气温＜12 ℃或≥25 ℃；最低气温＜4 ℃或≥21 ℃；最高气温＜12 ℃或≥32 ℃；相对湿度＜65%或＞85%；大风：平均风速＞10 m/s；连阴雨：连续3～5 d以上的出现阴雨天气，过程降水量大于30 mm	关中：平均气温：15.9～17.6 ℃；降水量：102.7～136.1 mm；日照时数：134.6～185.8 h；陕南：平均气温：16.7～20.0 ℃；降水量：81.0～331.9 mm；日照时数：97.7～299.7 h
叶变色		平均气温8～12 ℃；相对湿度75%～80%；平均风速≤5 m/s	平均气温＜5 ℃或≥15 ℃；最低气温＜2 ℃或≥18 ℃；最高气温＜10 ℃或≥28 ℃；相对湿度＜65%或＞85%；大风：平均风速＞10 m/s；连阴雨；连续3～5 d以上的出现阴雨天气，过程降水量大于30 mm；早霜冻	平均气温：9.9～11.9 ℃；极端最低气温：－5.6～－1.9 ℃；平均最低气温：0.9～4.5 ℃；平均初霜日：10月31日—11月11日；降水量：17.1～25.1 mm；日照时数：68.5～107.5 h
落叶期		平均气温5～9 ℃；相对湿度75%～80%；平均风速≤5 m/s	平均气温＜2 ℃或≥10 ℃；最低气温＜－2 ℃；相对湿度＜65%或＞85%；大风：平均风速＞9 m/s；早霜冻	平均气温：4.7～7.3 ℃；极端最低气温：－13.2～－3.9 ℃；平均最低气温：－3.6～0.1 ℃；降水量：7.9～17.3 mm；日照时数：47.6～91.3 h
休眠期		平均气温2～7 ℃；最低气温＜－5 ℃；平均风速≤5 m/s	平均气温＜－2 ℃或≥10 ℃；最低气温≤－8 ℃；大风：平均风速＞9 m/s；越冬期冻害：最低气温≤－9 ℃持续1 h以上	平均气温：0.5～3.6 ℃；极端最低气温：－21.2～－10.0 ℃；平均最低气温：－7.7～－3.3 ℃；降水量：18.7～29.8 mm；日照时数：239.4～415.9 h

2.3 陕西猕猴桃主要气象灾害

陕西猕猴桃主要气象灾害包括:越冬期冻害、萌芽一展叶期冻害、高温热害、大风等。

猕猴桃产区主要气象灾害

灾害类型	发生时段	影响生育期	灾害指标	灾害症状	灾害典型年
越冬冻害	12月上旬—次年2月下旬	越冬期	以极端最低气温 T_D 为评价因子:轻度冻害:-10 ℃$<T_D\leqslant-8$ ℃;中度冻害:-15 ℃$<T_D\leqslant-10$ ℃;重度冻害:$T_D\leqslant-15$ ℃	枝干受冻开裂,气温回升后,枝条组织脱水,“抽条”;严重时,组织脱水坏死	
萌芽—展叶期冻害	3月下旬—4月下旬	萌芽—展叶期	以极端最低气温 T_D 为评价因子:轻度冻害:-1.5 ℃$<T_D\leqslant0$ ℃;中度冻害:-3.0 ℃$<T_D\leqslant-1.5$ ℃;重度冻害:$T_D\leqslant-3.0$ ℃	芽受冻,轻则萎蔫;较重时表面覆盖冷霜,气温回升后,脱水,发软;严重时,芽受冻变硬,芽内器官不能正常发育,或已发育的器官变褐、死亡,导致芽不能正常萌发,或萌发的嫩梢、幼叶变色,死亡	
高温热害	6月上旬—7月下旬	果实膨大—成熟期	以日最高气温 T_G 为评价因子:轻度热害:35 ℃$\leqslant T_G<$38 ℃(3～4 d);中度热害:35 ℃$\leqslant T_G<$38 ℃(5～8 d);重度热害:35 ℃$\leqslant T_G<$38 ℃(9 d及以上)或38 ℃$\leqslant T_G$(2 d及以上)	受害较轻时叶片萎蔫卷曲,果实手感微软;较重时,叶片卷曲,边缘失绿变黄,果实表面浅褐色、白色日灼斑点形成,受害部位干瘪,限制果实生长;严重时,叶片和果实出现“灼伤”,表现为叶片失绿上卷,呈火烧状,发黄,甚至脱落,果实汁液外流,受害部位变为深褐色,并明显凹陷,腐烂,减产明显	2017年

续表

灾害类型	发生时段	影响生育期	灾害指标	灾害症状	灾害典型年
大风	4月上旬—9月下旬	猕猴桃生长季	以日最大风速If为评价指标:If≥6级	风力超过6级将导致嫩梢折断,新梢枯萎,叶片破碎;严重时猕猴桃IT型架倒塌	

2.4 陕西猕猴桃农业气候资源

猕猴桃在长期的进化过程中,形成了与环境条件相适应、相依存的特性。影响猕猴桃生长发育的主要气象要素有温度、湿度、降雨、光照、风及土壤等,当气象条件能充分满足其需要时,能健康良好的生长发育;当环境条件有所变化时,也能通过自身的调节机制去适应,从而完成生长发育过程;当气象条件的变化超过了它的适应能力时,其生长发育就会受阻,甚至导致死亡。

猕猴桃产区稳定通过界限温度积温及无霜期

初终日、积温、日数		稳定通过界限温度					无霜期
		0 ℃	5 ℃	10 ℃	15 ℃	20 ℃	
积温/(℃·d)	平均	4996	4775	4386	3665	2547	
	最大	5692	5461	5211	4462	3286	
	最小	4444	4167	3638	2750	1296	
初日(日/月)	平均	2/2	8/3	31/3	27/4	27/5	2/11
	最早	1/1	30/1	2/3	2/4	3/4	28/9
	最晚	3/6	29/3	28/4	18/5	2/7	28/11
终日(日/月)	平均	13/12	18/11	28/10	3/10	5/9	31/3
	最早	11/11	3/11	6/10	3/9	11/8	10/2
	最晚	31/12	18/12	28/11	23/10	27/9	8/5
持续日数/d	平均	315	256	212	161	102	215
	最长	366	307	251	194	129	157
	最短	266	222	173	118	54	275

猕猴桃产区气象要素年值

年气温/℃			年降水量/mm			年日照/h			年平均最低气温/℃		
平均	最高	最低	平均	最大	最小	平均	最多	最少	平均	最高	最低
13.6	15.5	11.8	632.1	1005.1	342.4	1841.0	2267.5	1369.2	9.0	10.2	8.1
年平均最高气温/℃			年平均风速/(m/s)			年大风日数/d					
平均	最高	最低	平均	最大	最小	平均	最多	最少			
19.3	20.7	17.5	1.3	2.2	0.4	3.0	36	0			
年极端最低气温/℃			年极端最高气温/℃			年最大积雪深度/cm					
平均	最高(出现的时间、地点)	最低(出现的时间、地点)	平均	最大(出现的时间、地点)	最小(出现的时间、地点)	平均	最大(出现的时间、地点)	最小(出现的时间、地点)			
−10.5	−3.7 1990年 (城固)	−21.2 1991年 (蓝田)	38.7	43.4 (1966年 (长安)	33.5 1987、1993年 (城固)	6.4	21(长安 2006年12月)	0(1999年 2007年 2013年)			

猕猴桃产区气象要素季值

气象要素	春季			夏季			秋季			冬季		
	产区平均	产区最高（大/多）	产区最低（小/少）	产区平均	产区最高（大/多）	产区最低（小/少）	产区平均	产区最高（大/多）	产区最低（小/少）	产区平均	产区最高（大/多）	产区最低（小/少）
平均气温/℃	14.3	17.1	11.8	25.1	28.0	22.5	13.5	16.1	11.2	1.5	4.6	−1.4
降水/mm	130.5	274.4	52.8	290.6	495.2	85.6	188.3	406.2	72.5	22.8	73.2	0.9
日照时数/h	520.1	700.5	339.1	570.5	757.6	386.8	385.1	548.9	214.4	365.3	518.1	219.9
平均最低气温/℃	8.7	10.2	7.5	20.2	21.7	18.9	9.4	11.0	7.8	−2.4	−1.1	−4.0
平均最高气温/℃	20.7	235	18.4	30.8	33.8	28.3	19.0	21.7	16.7	7.0	9.7	4.0
极端最低气温/℃	2.0	13.5	−9.3	15.4	20.6	7.2	2.9	15.4	−13.2	−8.2	−1.2	−21.2

续表

气象要素	春季			夏季			秋季			冬季		
	产区平均	产区最高（大/多）	产区最低（小/少）	产区平均	产区最高（大/多）	产区最低（小/少）	产区平均	产区最高（大/多）	产区最低（小/少）	产区平均	产区最高（大/多）	产区最低（小/少）
极端最低气温出现日期		2007/05/13（户县）	1988/03/07（华阴）；2010/03/10（蓝田）		1994/08/29（周至）	1990/06/01（蓝田）		1975/09/16（城固）	1993/11/21（长安）		2009/02/10（城固）	1991/12/28（蓝田）
极端最高气温/℃	28.9	40.0	15.6	37.1	43.4	31.1	26.4	40.0	13.8	14.5	26.3	5.0
极端最高气温出现日期		1969/05/28（周至）	1985/03/22（眉县）		1966/06/21（长安）	1982/08/05（眉县）		1997/09/08（蓝田）	1989/11/01（临渭）		1978/02/27（武功）	1977/01/19（武功）
平均风速/(m/s)	1.6	2.9	0.4	1.4	2.8	0.4	1.1	2.0	0.2	1.2	2.2	0.2
大风日数/d	1.4	23.0	0	0.9	7.0	0	0.4	8.0	0	0.5	8.0	0

猕猴桃产区气象要素月值

月份		月平均气温/℃	月降水量/mm	月日照时数/h	月平均最低气温/℃	月平均最高气温/℃	月极端最低气温及出现时间、地点	月极端最高气温及出现时间、地点	月平均风速/(m/s)	月大风日数/d
1月	平均	5.3	5.9	123.1	−3.9	5.3	−9.6	12.6	1.1	0.1
	最高（多、大）	9.1	23.6	175.0	−1.7	9.1	−2.8 2002/01/22；2002/01/29(户县)	21.9 1979/01/07(陈仓)	2.4	2.0
	最低（少/小）	1.4	0	49.1	−5.7	1.4	−20.2 1977/01/30；1977/01/30(周至)	5.0 1977/01/19(武功)	0.1	0
2月	平均	9.0	11.1	120.2	−0.9	9.0	−7.0	16.9	1.4	0.3
	最高（多、大）	13.1	40.9	195.5	2.4	13.1	1.2 2009/02/10(城固)	26.3 1978/02/27(武功)	2.7	7.0
	最低（少、小）	5.2	0	54.4	−3.5	5.2	−17.5 1969/02/05(周至)	7.0 1964/02/29(眉县)	0.2	0
3月	平均	14.4	26.6	146.9	3.4	14.4	−3.1	23.7	1.6	0.6
	最高（多、大）	18.7	66.2	227.7	5.6	18.7	2.1 2000/03/01(周至)	31.5 2010/03/19(户县)	3.6	11.0
	最低（少、小）	9.4	0.2	60.4	1.0	9.4	−9.3 1988/03/07(华阴)；2010/03/10(蓝田)	15.6 1985/03/22(眉县)	0.3	0

续表

月份		月平均气温/℃	月降水量/mm	月日照时数/h	月平均最低气温/℃	月平均最高气温/℃	月极端最低气温及出现时间、地点	月极端最高气温及出现时间、地点	月平均风速/(m/s)	月大风日数/d
4月	平均	21.1	41.8	174.9	8.9	21.1	1.8	29.4	1.6	0.5
	最高(多、大)	25.1	92.7	245.4	11.3	25.1	7.8 2008/04/01(户县)	36.7 2004/04/21(户县)	3.1	7.0
	最低(少、小)	18.4	4.2	95.4	7.1	18.4	−6.7 1962/04/03(华州)	23.2 1990/04/14(城固)	0.3	0
5月	平均	26.4	62.0	198.3	13.9	26.4	7.1	33.7	1.5	0.4
	最高(多、大)	30.6	169.8	268.6	15.7	30.6	13.5 2007/05/13(户县)	40.0 1969/05/28(周至)	3.1	7.0
	最低(少、小)	22.7	6.3	114.4	11.7	22.7	0.7 1991/05/02(华阴)	27.6 1998/05/27(陈仓)	0.5	0
6月	平均	30.9	74.3	195.5	18.8	30.9	13.2	37.8	1.5	0.4
	最高(多、大)	34.0	170.3	263.0	20.5	34.0	19.2 2002/06/09(周至)	43.4 1966/06/21(长安)	3.0	4.0
	最低(少、小)	26.9	8.4	118.0	17.1	26.9	7.2 1990/06/01(蓝田)	31.3 1985/06/18(城固)	0.4	0

续表

月份		月平均气温/℃	月降水量/mm	月日照时数/h	月平均最低气温/℃	月平均最高气温/℃	月极端最低气温及出现时间、地点	月极端最高气温及出现时间、地点	月平均风速/(m/s)	月大风日数/d
7月	平均	31.7	106.7	196.5	21.6	31.7	17.3	37.5	1.4	0.3
	最高(多、大)	34.6	246.4	281.9	23.4	34.6	20.5 1994/07/03(户县);2009/07/11(周至)	42.0 1962/07/11(华州)	3.0	2.0
	最低(少、小)	27.8	17.7	82.2	19.9	27.8	13.0 1983/07/14(蓝田)	32.8 1984/07/16(武功)	0.3	0
8月	平均	29.7	109.6	178.5	20.3	29.7	15.4	36.0	1.2	0.2
	最高(多、大)	34.2	268.7	276.4	22.2	34.2	20.6 1994/08/29(周至)	41.4 1994/08/04(长安)	3.2	3.0
	最低(少、小)	26.7	6.5	87.2	19.0	26.7	10.4 1972/08/31(蓝田)	31.1 1982/08/05(眉县)	0.3	0
9月	平均	25.0	104.8	135.8	15.7	25.0	9.7	32.1	1.1	0.1
	最高(多、大)	28.6	247.3	228.0	17.9	28.6	15.4 1975/09/16(城固)	40.0 1997/09/08(蓝田)	2.2	3.0
	最低(少、小)	21.8	17.0	59.9	13.9	21.8	2.8 1970/09/30(华阴)	25.7 1968/09(眉县 3 天以上)	0.3	0

续表

月份		月平均气温/℃	月降水量/mm	月日照时数/h	月平均最低气温/℃	月平均最高气温/℃	月极端最低气温及出现时间、地点	月极端最高气温及出现时间、地点	月平均风速/(m/s)	月大风日数/d
10月	平均	19.3	62.9	124.8	9.9	19.3	2.9	26.7	1.1	0.1
	最高(多、大)	22.4	190.9	203.2	12.5	22.4	10.4 2009/10/17(周至)	34.3 1977/10/01(户县)	2.4	4.0
	最低(少、小)	16.4	14.3	51.2	7.2	16.4	−4.5 1991/10/28(华阴)	20.6 1974/10/08(城固)	0.2	0
11月	平均	12.6	20.5	124.5	2.7	12.6	−3.9	20.3	1.1	0.1
	最高(多、大)	16.4	73.9	192.8	5.3	16.4	3.9 2006/11/28;2006/11/30(城固)	26.4 1991/11/02(陈仓)	2.3	4.0
	最低(少、小)	9.6	0.5	54.3	0.2	9.6	−13.2 1993/11/21(长安)	13.8 1989/11/01(临渭)	0.2	0
12月	平均	6.6	5.8	122.0	−2.6	6.6	−8.2	14.1	1.1	0.1
	最高(多、大)	10.1	23.8	205.5	−0.2	10.1	−1.9 1989/12/01(城固)	24.5 1989/12/03(周至)	2.3	4.0
	最低(少、小)	2.5	0	49.7	−4.7	2.5	−21.2 1991/12/28(蓝田)	8.4 1967/12/16(周至)	0.1	0

猕猴桃产区气象要素旬值

		旬平均气温/℃			旬降水量/mm			旬日照时数/h			旬平均最低气温/℃			旬平均最高气温/℃		
		平均	最高（大/多）	最低（小/少）	平均	最高（大/多）	最低（小/少）	平均	最高（大/多）	最低（小/少）	平均	最高（大/多）	最低（小/少）	平均	最高（大/多）	最低（小/少）
1月	上旬	−0.1	5.3	−5.6.7	1.4	15.3	0	39.9	77.0	0.1	−3.9	0.2	−8.2	5.5	12.9	1.4
	中旬	−0.3	4.2	−6.2	2.7	16.7	0	38.7	69.5	0.6	−4.1	0.1	−7.2	5.0	9.8	−1.1
	下旬	0.1	5.5	−6.6	1.8	11.1	0	44.5	77.2	9.9	−3.7	−0.9	−8.5	5.4	11.2	−1.9
2月	上旬	1.8	7.4	−4.6	1.7	12.4	0	43.9	74.9	6.0	−2.3	2.8	−7.1	7.6	12.6	1.5
	中旬	3.7	9.0	−1.3	5.3	32.0	0	41.7	82.0	15.7	−0.5	3.2	−4.0	9.5	16.1	4.6
	下旬	4.5	10.3	−0.8	4.2	21.3	0	34.6	72.4	3.4	0.3	4.8	−3.0	10.2	17.2	3.8
3月	上旬	6.2	10.4	0.6	6.3	31.6	0	51.8	83.0	11.7	1.2	4.3	−2.9	12.6	17.0	7.2
	中旬	8.5	13.7	4.2	9.2	43.3	0	42.7	78.7	7.1	3.9	7.3	0.9	14.5	20.7	9.6
	下旬	10.1	16.5	5.1	11.2	38.0	0	52.4	90.0	11.3	5.1	9.2	1.5	16.1	22.8	10.3
4月	上旬	12.9	17.6	7.2	12.6	40.3	0.1	53.2	86.1	16.0	7.6	10.5	4.6	19.2	24.0	12.5
	中旬	14.5	19.5	10.9	13.3	55.5	0	57.8	89.1	23.5	8.8	12.6	6.3	21.3	26.7	16.7
	下旬	16.4	22.1	11.4	15.9	53.9	0.1	63.9	95.0	9.5	10.6	14.6	8.0	23.1	28.8	17.0

续表

		旬平均气温/℃			旬降水量/mm			旬日照时数/h			旬平均最低气温/℃			旬平均最高气温/℃		
		平均	最高（大/多）	最低（小/少）	平均	最高（大/多）	最低（小/少）	平均	最高（大/多）	最低（小/少）	平均	最高（大/多）	最低（小/少）	平均	最高（大/多）	最低（小/少）
5月	上旬	18.5	23.0	11.9	17.7	70.7	0.1	65.7	98.2	25.2	12.6	16.2	7.7	25.3	30.2	19.1
	中旬	19.3	24.3	14.1	23.7	96.9	0	62.3	105.2	19.0	13.6	16.2	11.0	25.9	31.3	19.8
	下旬	21.3	24.9	17.4	20.7	109.0	0.1	70.3	110.1	33.5	15.4	18.0	13.1	28.0	31.9	23.6
6月	上旬	23.1	27.8	18.1	22.8	93.2	0.5	63.7	97.0	15.6	17.2	20.2	14.7	29.8	34.3	22.9
	中旬	24.8	29.5	19.6	23.2	74.2	0	64.2	106.6	16.9	19.0	21.6	16.9	31.2	36.3	24.5
	下旬	25.8	30.3	21.0	28.3	102.4	0.3	67.6	100.2	19.9	20.3	22.7	17.3	32.0	36.3	26.0
7月	上旬	25.8	30.3	20.7	41.6	145.2	0.2	59.8	104.7	11.0	21.1	23.5	18.9	31.4	36.0	25.8
	中旬	26.2	31.5	21.5	31.1	104.2	0	63.7	105.2	18.4	21.6	25.6	18.4	31.7	36.8	26.6
	下旬	26.7	31.3	23.0	34.0	139.2	0.2	72.9	119.9	28.9	22.1	24.6	19.6	32.2	36.7	28.0
8月	上旬	26.1	30.2	22.4	31.7	131.2	0	64.4	105.0	9.9	21.9	23.9	19.2	31.5	35.0	27.5
	中旬	24.3	28.9	20.3	40.9	142.6	0	55.9	99.5	22.2	20.2	23.6	17.4	29.5	33.9	25.3
	下旬	23.2	31.3	20.0	37.0	131.3	0.3	58.3	110.4	12.1	19.1	22.3	17.1	28.5	35.9	24.1

续表

		旬平均气温/℃			旬降水量/mm			旬日照时数/h			旬平均最低气温/℃			旬平均最高气温/℃		
		平均	最高（大/多）	最低（小/少）	平均	最高（大/多）	最低（小/少）	平均	最高（大/多）	最低（小/少）	平均	最高（大/多）	最低（小/少）	平均	最高（大/多）	最低（小/少）
9月	上旬	21.5	28.7	17.7	41.3	148.7	0	48.0	91.9	2.4	17.6	20.9	15.4	26.8	34.4	20.4
	中旬	19.7	26.8	14.6	30.5	122.9	0	46.9	88.9	2.7	15.6	20.1	13.1	25.2	31.1	18.5
	下旬	17.8	21.7	14.1	32.9	115.1	0	40.9	84.0	1.7	13.9	16.5	10.6	23.2	27.9	16.9
10月	上旬	15.9	23.3	11.7	24.4	118.9	0	40.4	85.9	4.2	12.0	15.1	9.2	21.4	29.8	16.1
	中旬	14.0	18.4	9.6	25.6	94.3	0.2	35.2	75.7	0.4	10.5	14.1	7.8	19.1	25.2	12.6
	下旬	11.7	16.6	7.6	12.9	56.1	0.1	49.2	84.0	14.9	7.6	11.2	3.5	17.6	22.1	13.8
11月	上旬	9.6	13.9	5.7	7.6	28.9	0	47.0	84.7	8.2	5.2	8.0	2.0	15.8	21.5	10.7
	中旬	6.4	11.1	−1.2	9.0	59.7	0	39.1	74.8	8.1	2.5	6.0	−2.7	12.0	17.0	3.2
	下旬	4.5	10.6	−0.2	3.9	23.4	0	38.3	68.8	3.7	0.6	6.0	−3.4	10.1	14.3	5.3
12月	上旬	2.5	8.1	−1.3	1.9	15.2	0	41.4	74.7	6.1	−1.4	2.0	−4.5	8.0	14.4	3.9
	中旬	1.0	6.2	−3.4	1.8	13.8	0	38.0	72.6	4.3	−2.7	0.5	−6.4	6.5	11.3	1.8
	下旬	0.1	5.6	−5.0	2.1	13.6	0	42.7	78.0	0.6	−3.7	0.2	−7.4	5.6	10.9	−0.2

2.5 陕西猕猴桃农业气象周年服务重点

1月

重要天气：大风降温（寒潮）；

主要节气：小寒、大寒。

区域	主要农时与农事	重点关注气象要素	主要农业气象灾害及其影响特征
关中	修剪树形，注意防御低温冻害和防止抽条。继续清园、树干涂白。冬季雨雪稀少，容易出现冬旱，气温骤降，应注意防御低温冻害和防止抽条	平均气温＜−2 ℃或≥10 ℃；最低气温≤−8 ℃；大风：平均风速＞9 m/s； 越冬期冻害：最低气温≤−9 ℃持续1 h以上	越冬冻害：枝干受冻开裂，气温回升后，枝条组织脱水，“抽条”，发软；严重时，组织脱水坏死，引发严重的溃疡病

2月

重要天气:大风降温(寒潮);

主要节气:立春、雨水。

区域	主要农时与农事	重点关注气象要素	主要农业气象灾害及其影响特征
关中	修剪树形,注意防御低温冻害和防止抽条。继续清园、树干涂白。冬季雨雪稀少,容易出现冬旱,气温骤降,应注意防御低温冻害和防止抽条	平均气温<−2 ℃或≥10 ℃;最低气温≤−8 ℃; 大风:平均风速>9 m/s; 越冬期冻害:最低气温≤−9 ℃持续1 h以上	越冬冻害:枝干受冻开裂,气温回升后,枝条组织脱水,“抽条”,发软;严重时,组织脱水坏死,引发严重的溃疡病

3月

重要天气：倒春寒、气温回升；

主要节气：惊蛰、春分。

旬序	物候期	主要农时与农事	重点关注气象要素	主要农业气象灾害及其影响特征
上旬	萌芽期	平均气温为8.5 ℃以上时猕猴桃开始萌芽。萌芽前15 d左右对全园喷一遍3～5波美度石硫合剂。萌芽后需施催芽肥，以促芽萌发和加速花芽分化。发芽期慎用化学药剂。施肥后应及时浇透水灌溉，无灌溉条件的果园要进行松土保墒和树盘覆盖，地面黄干时浅锄。整理架面、绑蔓。防御低温冻害，预防果树抽条。开展病虫防治	平均气温＜8 ℃或≥16 ℃；最低气温＜2 ℃或≥10 ℃；相对湿度＜50%或＞90%；大风：平均风速＞9 m/s；晚霜冻：最低气温≤－1.5 ℃持续1 h以上	萌芽—展叶期冻害：芽受冻，轻则萎蔫；较重时表面覆盖冷霜，气温回升后，脱水，发软；严重时，芽受冻变硬，芽内器官不能正常发育，或已发育的器官变褐、死亡，导致芽不能正常萌发，或萌发的嫩梢、幼叶变色，死亡。4月中下旬常出现晚霜冻，易使叶干枯、花蕾受冻。大风：风力超过6级将导致嫩梢折断，新梢枯萎，叶片破碎；严重时猕猴桃T型架倒塌
中旬	萌芽期			
下旬	萌芽—展叶期	当日平均气温高于10 ℃，芽开始萌发。猕猴桃芽萌动时怕风，怕旱，怕涝，怕强光，怕冻害，需要特别精心的管理，萌芽前喷防冻剂、熏烟、灌水等办法可以减轻芽萌动期低温冻害。萌芽期应避免修剪，防止伤流	平均气温＜10 ℃或≥18 ℃；最低气温＜4 ℃或≥20 ℃；相对湿度＜50%或＞85%；大风：平均风速＞10 m/s；晚霜冻：最低气温≤－1.5 ℃持续1 h以上	

4月

重要天气：倒春寒、气温回升；

主要节气：清明、谷雨。

旬序	物候期	主要农时与农事	重点关注气象要素	主要农业气象灾害及其影响特征
上旬	萌芽期	当日平均气温高于10 ℃，芽开始萌发。猕猴桃芽萌动时怕风，怕旱，怕涝，怕强光，怕冻害，需要特别精心的管理，萌芽前喷防冻剂、熏烟、灌水等办法可以减轻芽萌动期低温冻害。萌芽期应避免修剪，防止伤流	平均气温<10 ℃或≥18 ℃；最低气温<4 ℃或≥20 ℃；相对湿度<50%或>85%；大风：平均风速>10 m/s；晚霜冻：最低气温≤−1.5 ℃持续1 h以上	萌芽—展叶期冻害：芽受冻，轻则萎蔫；较重时表面覆盖冷霜，气温回升后，脱水，发软；严重时，芽受冻变硬，芽内器官不能正常发育，或已发育的器官变褐、死亡，导致芽不能正常萌发，或萌发的嫩梢、幼叶变色，死亡。4月中下旬常出现晚霜冻，易使叶干枯、花蕾受冻。 大风：风力超过6级将导致嫩梢折断，新梢枯萎，叶片破碎；严重时猕猴桃棚架倒塌
中旬	萌芽期	猕猴桃伤流逐渐减少，开始抽梢展叶，应进行抹芽定枝。随着嫩枝出现，进行疏枝，结果枝和营养枝留两侧，嫩枝和芽上有病的一律剪除。积极预防果园晚霜冻危害。开展病虫防治		
下旬	萌芽—展叶期	疏蕾、追肥、修剪。采用果园熏烟法，积极预防果园晚霜冻危害。开展病虫防治		

5月

重要天气：阴雨低温、干旱、大风；

主要节气：立夏、小满。

旬序	物候期	主要农时与农事	重点关注气象要素	主要农业气象灾害及其影响特征
上旬 中旬	开花期	授粉。花期视天气情况，进行人工授粉或借蜂传粉。花后果实迅速膨大，要施促果肥，并浇透水。	平均气温＜12 ℃或≥23 ℃；最低气温＜5 ℃或≥23 ℃；相对湿度＜60%或＞85%；大风：平均风速＞8 m/s；风灾：大于6级；冰雹	大风：风力超过6级将导致嫩梢折断，新梢枯萎，叶片破碎；严重时猕猴桃棚架倒塌。冰雹：造成猕猴桃枝条、叶片受损、正常生长受阻
下旬	幼果生长期	修剪，施促果肥，并浇透水。开始疏果，疏除病虫果、畸形果、边果，只留中心果，保留果形端正的优质果，留单果不留双果。长结果枝留果4～6个，中结果枝留果3～4个，短结果枝留果2个，一株盛果期结果树，留果350～400个，1株产果42.5 kg较为合理。开花期应人工捕杀害虫。花后果实迅速膨大，要施促果肥，并浇透水。有条件地区，实施果园行间生草。开展病虫防治	平均气温＜16 ℃或≥28 ℃；最低气温＜6 ℃或≥23 ℃；最高气温＜16 ℃或≥35 ℃；相对湿度＜50%或＞90%；风灾：大于6级；高温热害：持续出现日最高气温35 ℃以上高温天气；干旱；冰雹	高温热害：受害较轻时叶片萎蔫卷曲，果实手感微软；较重时，叶片卷曲，边缘失绿变黄，果实表面浅褐色、白色日灼斑点形成，受害部位干瘪，限制果实生长；严重时，叶片和果实出现“灼伤”，表现为叶片失绿上卷，呈火烧状，发黄，甚至脱落，果实汁液外流，受害部位变为深褐色，并明显凹陷，腐烂，减产明显。大风：风力超过6级将导致嫩梢折断，新梢枯萎，叶片破碎，果实擦伤、脱落；冰雹：造成猕猴桃枝条、叶片、果实受损、正常生长受阻

6月

重要天气：高温、干旱、冰雹、大风；

主要节气：芒种、夏至。

<table>
<tr><th>旬序</th><th>物候期</th><th>主要农时与农事</th><th>重点关注气象要素</th><th>主要农业气象灾害及其影响特征</th></tr>
<tr><td>上旬</td><td>果实
生长期</td><td>修剪，施促果肥，并浇透水。开始疏果，疏除病虫果、畸形果、边果，只留中心果，保留果形端正的优质果，留单果不留双果。长结果枝留果4～6个，中结果枝留果3～4个，短结果枝留果2个，一株盛果期结果树，留果350～400个，1株产果42.5 kg较为合理。开花期应人工捕杀害虫。花后果实迅速膨大，要施促果肥，并浇透水。有条件地区，实施果园行间生草。开展病虫防治</td><td rowspan="3">平均气温<16 ℃或≥28 ℃；最低气温<6 ℃或≥23 ℃；最高气温<16 ℃或≥35 ℃；相对湿度<50%或>90%；风灾：大于6级；高温热害：持续出现日最高气温35 ℃以上高温天气；干旱；冰雹</td><td rowspan="3">高温热害：受害较轻时叶片萎蔫卷曲，果实手感微软；较重时，叶片卷曲，边缘失绿变黄，果实表面浅褐色、白色日灼斑点形成，受害部位干瘪，限制果实生长；严重时，叶片和果实出现“灼伤”，表现为叶片失绿上卷，呈火烧状，发黄，甚至脱落，果实汁液外流，受害部位变为深褐色，并明显凹陷，腐烂，减产明显。大风：风力超过6级将导致嫩梢折断，新梢枯萎，叶片破碎，果实擦伤、脱落；冰雹：造成猕猴桃枝条、叶片、果实受损、正常生长受阻</td></tr>
<tr><td>中旬</td><td rowspan="2">果实
生长期</td><td rowspan="2">果实套袋，对高接后新发的枝条要及时摘心、绑蔓，抹去母树新发枝条和芽。追施尿素，促其多发枝，发壮枝。施肥后浇足水，地面干后，叶片萎蔫要灌水，土壤仍潮湿，只是中午高温叶萎蔫则不宜灌水。雨季或多雨季节，应注意排水。高温季节，要给叶面喷水，搭盖草遮住果实，防止日灼</td></tr>
<tr><td>下旬</td></tr>
</table>

7月

重要天气：高温、干旱、冰雹、大风、连阴雨、暴雨；

主要节气：小暑、大暑。

<table>
<tr><th>旬序</th><th>物候期</th><th>主要农时与农事</th><th>重点关注气象要素</th><th>主要农业气象灾害及其影响特征</th></tr>
<tr><td>上旬</td><td rowspan="3">果实生长期</td><td rowspan="3">给叶面喷水，搭盖草遮住果实，防止日灼。夏季，是猕猴桃果实膨大期，继续施促果肥。从土壤中根本解决黄化问题。除抹芽、摘心、疏枝、绑蔓外，要注重处理好徒长枝。促发新枝，培养来年结果母枝。施壮果肥、病虫防治、摘心绑蔓、抗旱保果、人工防雹</td><td rowspan="3">平均气温＜16 ℃或≥28 ℃；最低气温＜6 ℃或≥23 ℃；最高气温＜16 ℃或≥35 ℃；相对湿度＜50％或＞90％；风灾：大于6级；高温热害：持续出现日最高气温35 ℃以上高温天气；干旱；冰雹</td><td rowspan="3">高温热害：受害较轻时叶片萎蔫卷曲，果实手感微软；较重时，叶片卷曲，边缘失绿变黄，果实表面浅褐色、白色日灼斑点形成，受害部位干瘪，限制果实生长；严重时，叶片和果实出现“灼伤”，表现为叶片失绿上卷，呈火烧状，发黄，甚至脱落，果实汁液外流，受害部位变为深褐色，并明显凹陷，腐烂，减产明显。大风：风力超过6级将导致嫩梢折断，新梢枯萎，叶片破碎，果实擦伤、脱落；冰雹：造成猕猴桃枝条、叶片、果实受损、正常生长受阻</td></tr>
<tr><td>中旬</td></tr>
<tr><td>下旬</td></tr>
</table>

8月

重要天气：高温、干旱、冰雹、大风、连阴雨、暴雨；

主要节气：立秋、处暑。

旬序	物候期	主要农时与农事	重点关注气象要素	主要农业气象灾害及其影响特征
上旬	果实生长期	促进果实着色和增加硬度。继续施促果肥。从土壤中根本解决黄化问题。除抹芽、摘心、疏枝、绑蔓外，要注重处理好徒长枝。促发新枝，培养来年结果母枝。抗旱保果、人工防雹、病虫防治	平均气温<16 ℃或≥28 ℃；最低气温<6 ℃或≥23 ℃；最高气温<16 ℃或≥35 ℃；相对湿度<50%或>90%；风灾：大于6级；高温热害：持续出现日最高气温35 ℃以上高温天气；干旱；冰雹	高温热害：受害较轻时叶片萎蔫卷曲，果实手感微软；较重时，叶片卷曲，边缘失绿变黄，果实表面浅褐色、白色日灼斑点形成，受害部位干瘪，限制果实生长；严重时，叶片和果实出现“灼伤”，表现为叶片失绿上卷，呈火烧状，发黄，甚至脱落，果实汁液外流，受害部位变为深褐色，并明显凹陷，腐烂，减产明显； 大风：风力超过6级将导致嫩梢折断，新梢枯萎，叶片破碎，果实擦伤、脱落； 冰雹：造成猕猴桃枝条、叶片、果实受损、正常生长受阻
中旬				
下旬				

9月

重要天气：大风、连阴雨；

主要节气：白露、秋分。

旬序	物候期	主要农时与农事	重点关注气象要素	主要农业气象灾害及其影响特征
上旬	果实生长期	促进果实着色和增加硬度。继续施促果肥。从土壤中根本解决黄化问题。除抹芽、摘心、疏枝、绑蔓外，要注重处理好徒长枝。促发新枝，培养来年结果母枝。抗旱保果、人工防雹、病虫防治	平均气温＜16 ℃或≥28 ℃；最低气温＜6 ℃或≥23 ℃；最高气温＜16 ℃或≥35 ℃；相对湿度＜50%或＞90%；风灾：大于6级；高温热害：持续出现日最高气温35 ℃以上高温天气；干旱；冰雹	果园渍害：连续3～5 d以上的出现阴雨天气，过程降水量大于30 mm时，果园排水不利，猕猴桃根系受淹，根系被水淹一周，便会出现植株萎蔫，两周以上则死亡。 早霜冻：成熟期遇早霜冻，果实成熟不良，品质低下，果皮易皱，易发酵变质
中旬	果实成熟期（早熟品种）	猕猴桃果实成熟期，及时疏除徒长枝、病虫枝、细弱枝和过密枝等，打开光路，保持通风透光，提高树体光合利用率，积累养分，提高果实品质	平均气温＜12 ℃或≥25 ℃；最低气温＜4 ℃或≥21 ℃；最高气温＜12 ℃或≥32 ℃；相对湿度＜65%或＞85%；大风：平均风速＞10 m/s；连阴雨：连续3～5 d以上的出现阴雨天气，过程降水量大于30 mm	
下旬	果实成熟期（中熟品种）			

10月

重要天气：早霜冻、连阴雨；

主要节气：寒露、霜降。

<table>
<tr><th>旬序</th><th>物候期</th><th>主要农时与农事</th><th>重点关注气象要素</th><th>主要农业气象灾害及其影响特征</th></tr>
<tr><td>上旬</td><td rowspan="2">果实成熟期（中、晚熟品种）</td><td rowspan="2">采摘时注意轻拿轻放分级入库。对贮藏库进行消毒，适时采收贮藏猕猴桃。中熟品种徐香可溶性固形物达到6.5%时即可采收。秦美可溶性固形物7%，海沃德可溶性固形物6.5%时即可采收，华优可溶性固形物6.2%～6.5%及时采收。入库前预冷24 h，温度逐渐降低，当库温降到0～2 ℃时，将预冷果入库，按分级垛堆放，有利于管理和空气流通，保持库温一致。轻摘轻放，严格分级，及时销售或贮藏</td><td>平均气温<16 ℃或≥28 ℃；最低气温<6 ℃或≥23 ℃；最高气温<16 ℃或≥35 ℃；相对湿度<50%或>90%；风灾：大于6级；高温热害：持续出现日最高气温35 ℃以上高温天气；干旱；冰雹</td><td rowspan="3">果园渍害：连续3～5 d以上的出现阴雨天气，过程降水量大于30 mm时，果园排水不利，猕猴桃根系受淹，根系被水淹一周，便会出现植株萎蔫，两周以上则死亡；
早霜冻：成熟期遇早霜冻，果实成熟不良，品质低下，果皮易皱，易发酵变质</td></tr>
<tr><td>中旬</td><td rowspan="2">平均气温<5 ℃或≥15 ℃；最低气温<2 ℃或≥18 ℃；最高气温<10 ℃或≥28 ℃；相对湿度<65%或>85%；大风：平均风速>10 m/s；连阴雨；连续3～5 d以上的出现阴雨天气，过程降水量大于30 mm；早霜冻</td></tr>
<tr><td>下旬</td><td>果实成熟期（中熟品种）</td><td>采收后收集农家肥，羊粪、牛粪、鸡粪、猪粪等堆积高温发酵腐熟后再施基肥</td></tr>
</table>

11月

重要天气：早霜冻；

主要节气：立冬、小雪。

<table>
<tr><th>旬序</th><th>物候期</th><th>主要农时与农事</th><th>重点关注气象要素</th><th>主要农业气象灾害及其影响特征</th></tr>
<tr><td>上旬</td><td>叶变色期</td><td>采收后收集农家肥，羊粪、牛粪、鸡粪、猪粪等堆积高温发酵腐熟后再施基肥</td><td>平均气温<5 ℃或≥15 ℃；最低气温<2 ℃或≥18 ℃；最高气温<10 ℃或≥28 ℃；相对湿度<65%或>85%；大风：平均风速>10 m/s；连阴雨；连续 3～5 d 以上的出现阴雨天气，过程降水量大于 30 mm；早霜冻</td><td rowspan="3">早霜冻：未及采摘的果实，因果柄不产生离层，难以采摘，摘后不通过后熟期，果实细胞不分离，始终硬而不能食用；为来不及正常落叶的嫩梢、树叶干枯，变褐死亡，挂于树枝蔓上不脱落</td></tr>
<tr><td>中旬</td><td>落叶期</td><td rowspan="2">当日均气温稳定在10 ℃以下，猕猴桃开始落叶，落叶后开始冬季修剪和清园，改多主蔓为单主蔓，改篱架为“T”型架或大棚架；将园内落叶、烂果、病虫为害枝一律清除出果园</td><td rowspan="2">平均气温<2 ℃或≥10 ℃；最低气温<－2 ℃；相对湿度<65%或>85%；
大风：平均风速>9 m/s；早霜冻</td></tr>
<tr><td>下旬</td><td>落叶期</td></tr>
</table>

12月

重要天气：大风降温（寒潮）；

主要节气：大雪、冬至。

旬序	物候期	主要农时与农事	重点关注气象要素	主要农业气象灾害及其影响特征
上旬	休眠期	封冻前给果园浇一次越冬水。继续施基肥，基肥要占全年施肥量的50%～60%。深翻果园，应在上一年深翻边缘向外深翻，不要重复深翻，砂土地不深翻，不要伤3 mm以上粗的根。对树干涂白。给猕猴桃幼树根部培土或进行绑草、埋土，防冬季冻害	平均气温<−2 ℃或≥10 ℃；最低气温≤−8 ℃； 大风：平均风速>9 m/s； 越冬期冻害：最低气温≤−9 ℃持续1 h以上	越冬冻害：枝干受冻开裂，气温回升后，枝条组织脱水，“抽条”，发软；严重时，组织脱水坏死，引发严重的溃疡病
中旬	休眠期			
下旬	休眠期			

第3章 葡萄气象服务

葡萄是典型的喜光作物。光照充足条件下，其叶片厚而色浓，植株生长健壮，花芽分化良好，产量高，果实品质好，特别是对光照敏感的欧洲种葡萄，只有在阳光直射条件下才能着色正常。光照不足时，植株新梢细、节间长、叶片薄，严重时造成落果重、枝条不能充分成熟、降低越冬性及抗寒能力。光照不良还会严重影响果实品质，使浆果着色不良，含糖量降低，含酸量增加。

葡萄起源于温带，属喜温作物，温度是影响葡萄生长发育的重要气候因素。不同生育期对温度的要求不同。当春季气温达到7～10 ℃时，葡萄根系开始活动，10～12 ℃时开始萌芽。葡萄新梢生长、开花、结果和花芽分化的适宜温度25～30 ℃，开花期若遇≤14 ℃低温，葡萄就不能正常开花。葡萄成熟期最适温度28～32 ℃，在这样的条件下，有利于糖的积累和有机酸的分解，温度低则果实糖少酸多，低于14～16 ℃时成熟缓慢；温度高则果实糖多酸少，气温高于40 ℃时果实会出现枯缩，以致干皱。葡萄耐寒性较差，欧洲种葡萄在休眠期芽眼可耐－15 ℃的低温，在－16～－17 ℃则会发生冻害，嫩梢在－1 ℃时即可受冻(吕湛 等，2009)。

水分在葡萄生命活动中有重要作用，营养物质经水溶解后运输到各个器官，通过水分蒸腾作用，可调节树温，并促进水、肥吸收。葡萄土壤水分充足，植株萌芽整齐，新梢生长迅速，浆果粒大饱满，是葡萄丰产的前提条件之一。土壤干旱缺水，枝叶生长量减少，引起落花落果，影响浆果膨大，品质下降。长期干旱后突然大量降雨，容易造成大量裂果。水分过多会造成葡萄徒长，影响枝条正常成熟。

3.1 陕西葡萄面积与产量、种植基地县

2002—2020年陕西葡萄面积与产量、种植基地县*

年份	全省总面积、总产量		主产地产量										
			西安	铜川	宝鸡	咸阳	渭南	延安	汉中	榆林	安康	商洛	杨凌
	面积/hm^2	产量/t	产量/t	产量/t	产量/t	产量/t	产量/t	产量/t	产量/t	产量/t	产量/t	产量/t	产量/t
2002	6853	61900											
2003	7600	89900											
2004	8453	110800											
2005	13900	139372											
2006	14735	168353	35504	767	27778	64141	17117	3428	1296	9096	1319	1543	615
2007	15110	185261	43621	888	27994	73679	21063	4025	1426	4879	1400	1520	737
2008	17670	216562	50185	1206	31091	85526	32970	3897	1370	6113	1555	1749	450
2009	23846	258829	56731	2121	40070	93451	47727	3749	1612	6478	1568	2031	3127

* 数据来源于《陕西统计年鉴》。

续表

年份	全省总面积、总产量		主产地产量										
			西安	铜川	宝鸡	咸阳	渭南	延安	汉中	榆林	安康	商洛	杨凌
	面积/hm²	产量/t	产量/t	产量/t	产量/t	产量/t	产量/t	产量/t	产量/t	产量/t	产量/t	产量/t	产量/t
2010	28839	322292	64885	2234	40115	118432	75736	5316	1846	6759	1392	2062	2500
2011	31619	363839	69003	355	32223	142232	99928	7253	1661	7180	1341	1753	910
2012	35253	464710	75516	434	31650	148887	112141	5231	1732	7608	1383	1637	930
2013	40226	606559	92380	439	35164	155360	131438	4450	1838	6534	1457	1784	1050
2014	46615	595144	99889	517	33356	172220	147105	4460	2335	8129	1566	1670	1079
2015	49202	630944	126625	7595	39342	183576	212959	6047	2357	23179	3967	1875	1114
2016	41965	692059	133627	7312	39342	199214	237373	6475	6170	15019	4767	1903	1116
2017	44742	785571	175293	7905	46244	163466	271037	6505	5741	24917	5072	1899	1120
2018	46878	728393	166175	7929	41579	82369	377168	3064	10445	29139	6614	2825	1086
2019	46970	767406	168579	7945	44401	84927	405900	3768	11257	30548	5841	3095	1145
2020	48766	806990	183067	8120	49251	91891	424936	4319	10808	23581	6075	3413	1529

陕西葡萄种植基地县

果区	地市	基地县(区)
关中	宝鸡	宝鸡
	西安	长安区、鄠邑区、灞桥区
	渭南	临渭区、华州区、合阳县、蒲城县、富平县
	咸阳	三原县、礼泉县、乾县、泾阳县
	铜川	耀州区

3.2 陕西葡萄物候历、物候期气象条件与指标

陕西葡萄物候历(旬/月)

主产区	萌芽至新梢生长期	开花期	幼果至浆果膨大期	浆果着色成熟采收期	枝条生长期	枝蔓成熟期	落叶期	休眠期
关中	下/3—下/4	下/4—下/5	早熟下/5—中/7 中熟下/5—下/7 晚熟下/5—中/8	早熟下/7—中/8 中熟上/8—下/8 晚熟下/8—上/10	下/8—上/9	中/9—上/10	中/10—中/11	下/11—中/3

陕西葡萄物候期气象条件与指标

物候期	主产区	有利气象条件	不利气象条件	气候背景
萌芽至新梢生长期	关中	萌芽期日平均气温12～15 ℃,新梢生长期日平均气温 15～20 ℃,风速≤5 m/s,土壤湿度70%～80%	芽膨大期日最低气温≤－3 ℃,展叶期日最低≤－1 ℃,土壤湿度≤50%,风速≥6 级	≥10 ℃积温:458.7～610.7 ℃·d 平均气温:12.3～14.2 ℃;平均最低气温:6.6～9.4 ℃;平均终霜日:3 月 21 日—4 月 10 日;降水量:37.3～60.3 mm;日照时数:216.0～299.0 h
开花期		平均气温 25～30 ℃,风速≤7 m/s,土壤湿度65%～75%	日最低气温≤0 ℃,土壤湿度≤50%,风速≥6 级	>15 ℃积温:733.0～940.8 ℃·d 平均气温:18.0～19.7 ℃;平均最低气温:11.7～14.5 ℃;平均最高气温:24.5～26.4 ℃;降水量:57.3～80.4 mm;日照时数:252.4～325.3 h
幼果至浆果膨大期		平均气温 25～30 ℃,风速≤7 m/s,土壤湿度70%～80%	幼果期日最低气温≤3 ℃,浆果膨大期日平均气温≤20 ℃,土壤湿度≤50%,风速≥6 级,冰雹,日最高气温≥38 ℃	≥20 ℃积温:1421.2～1732.8 ℃·d;平均气温:22.7～24.4 ℃;极端最高气温:36.8～43.4 ℃;大于 35 ℃高温日数 2～7 d;平均最高气温:29.3～31.5 ℃;降水量:129.3～177.6 mm;日照时数:371.7～479.4 h
浆果着色成熟采收期		着色成熟期白天气温28～32 ℃、夜间 15～18 ℃	日平均气温≤20 ℃,土壤湿度≤50%,风速≥6 级	平均气温:20.8～22.9 ℃;极端最高气温:36.8～42.0 ℃;7—9 月平均最高气温:27.6～29.6 ℃;平均初霜日:10 月 23 日—11 月 9 日;大于 35 ℃高温日数 1～4 d;平均连阴雨次数 1.1～1.7 次;降水量:216.0～301.2 mm;日照时数:387.7～558.9 h。

续表

物候期	主产区	有利气象条件	不利气象条件	气候背景
枝条生长期	关中	日平均气温≥20 ℃	日平均气温≤15 ℃,土壤湿度≤50%,风速≥6 级	平均气温:21.1～22.4 ℃;降水量:58.8～92.8 mm;日照时数:96.8～139.8 h
枝蔓成熟期		日平均气温 12～24 ℃,风速≤7 m/s,土壤湿度70%～80%	日平均气温<10 ℃或≥30 ℃,土壤湿度≤50%,风速≥6 级	平均气温:16.7～18.3 ℃;平均初霜日:10 月 23 日—11 月 9 日;降水量:68.4～95.2 mm;日照时数:120.9～181.8 h
落叶期		落叶初期日平均气温8～15 ℃,落叶盛期日平均气温 3～12 ℃,落叶末期日平均气温 0～2 ℃	落叶初期日平均气温≤5 ℃,落叶盛期和末期日平均气温≤0 ℃或日最低气温<−2 ℃或寒潮日降温幅度≥10 ℃,土壤湿度≤50%,风速≥6 级	平均气温:8.8～11.0 ℃;极端最低气温:−11.8～−3.8 ℃;平均最低气温:4.2～7.5 ℃;降水量:43.4～62.8 mm;日照时数:160.2～251.8 h
休眠期		平均气温−10～0 ℃,风速≤5 m/s,土壤湿度65%～75%	日最低气温≤−18 ℃,日平均气温<−12 ℃或≥8 ℃,土壤湿度≤50%,风速≥6 级	平均气温:0.7～3.3 ℃;极端最低气温:−21.2～−16.7 ℃;平均最低气温:−3.8～−0.3 ℃;降水量:35.4～49.4 mm;日照时数:277.1～412.0 h

3.3 陕西葡萄主要气象灾害

气象灾害往往造成葡萄产量和品质下降，严重者甚至死树、毁园。影响陕西葡萄生产的主要气象灾害有越冬期低温冻害、萌芽展叶期晚霜冻害、开花期连阴雨、果实膨大期高温热害、浆果成熟期暴雨和连阴雨以及生长期大风。

葡萄产区主要气象灾害

灾害类型	发生时段	影响生育期	灾害指标	灾害症状	灾害典型年
低温冻害	12月上旬—次年2月下旬	越冬期	以极端最低气温 T_D 为评价因子 欧亚种：$T_D<-18$ ℃ 欧美杂交种：$T_D<-20$ ℃	枝干受冻开裂，气温回升后，枝条组织脱水，“抽条”；严重时，组织脱水坏死	
晚霜冻害	3月下旬—4月下旬	萌芽—展叶期	以极端最低气温 T_D 为评价因子 萌芽期：$T_D<-1$ ℃ 展叶期：$T_D<-0.5$ ℃ 花蕾期：$T_D<-1.1$ ℃	芽受冻轻时芽的中心发黑，主芽受冻害，四周的预备芽（副芽）还有可能晚发芽；重时整个芽体受冻，即群众称为“瞎眼”，“瞎眼”使葡萄的萌芽率、果枝率大幅度下降。萌发的嫩梢、幼叶受冻变色，死亡	

续表

灾害类型	发生时段	影响生育期	灾害指标	灾害症状	灾害典型年
高温热害	6—8月	果实膨大—成熟期	以日最高气温 T_G为评价因子 轻度热害:35 ℃≤T_G<38 ℃(3～4 d) 中度热害:35 ℃≤T_G<38 ℃(5～8 d) 重度热害:35 ℃≤T_G<38 ℃(9 d及以上)或38 ℃≤T_G(2 d及以上)	高温日灼果面生淡褐色近圆形斑,边缘不明显,果实表面先皱缩后逐渐凹陷,严重的果穗变为干果。卷须、新梢尚未木质化的顶端幼嫩部位也可遭受日灼伤害,致梢尖或嫩叶萎蔫变褐	2017年
大风	4月上旬—9月下旬	葡萄生长季	以日最大风速 If 为评价指标:If≥6 级	风力超过6级将导致嫩梢折断,新梢枯萎,叶片破碎;严重时葡萄T型架倒塌	
暴雨	7月下旬—9月中旬	浆果成熟期	评价因子:前期干旱,突降暴雨	浆果大量吸水,果实内外膨压差过大而发生裂果。裂果多从果蒂部位产生环状、放射状或纵裂裂口,果汁外溢,引来蜂、虫、蝇集于裂口处吸吮果汁,病菌滋生蔓延,造成浆果不能食用	
连阴雨	5—9月	开花期、浆果成熟期	以连阴天和降水量为评价指标:连阴雨≥4 d,总降水量≥20 mm	连阴雨加大了病虫害的防治难度,多数真菌病害是通过风雨传播,湿度大有利于浸染和发病,连续性降雨又限制了喷药,易造成病害蔓延;雨水过多使土壤含水量长时间处于饱和状态,根系缺氧出现沤根甚至死亡;花期连阴雨影响开花授粉和坐果,造成坐果不良;成熟采收期遇连阴雨造成果实不上色、糖度低、贮藏期短,个别品种还会发生裂果现象,果实品质、耐储性下降	2014年9月7—17日

3.4 陕西葡萄农业气候资源

了解当地农业气候资源，是确定葡萄引种需要遵循的原则。农业气候资源包括：生长季太阳总辐射、光合有效辐射、日照时数、稳定通过界限温度初终日期和积温及其持续日数、无霜期、生长季降水量、土壤湿度、空气湿度、风等，其中尤以光照、温度、降水三者最为重要。

葡萄产区稳定通过界限温度积温及无霜期

积温/初终日/日数		稳定通过界限温度					初终霜日及无霜期
		0 ℃	5 ℃	10 ℃	15 ℃	20 ℃	
积温/(℃·d)	平均	4903.5	4691.9	4296.8	3603.6	2474.1	
	最大	5691.6	5460.6	5211.2	4462.3	3310.0	
	最小	4231.6	4027.4	3455.6	2708.3	638.8	
初日(日/月)	平均	8/2	10/3	1/4	27/4	28/5	2/11
	最早	1/1	2/2	1/3	2/4	2/4	28/9
	最晚	21/3	11/4	30/4	17/5	20/7	28/11

续表

积温/初终日/日数		稳定通过界限温度					初终霜日及无霜期
		0 ℃	5 ℃	10 ℃	15 ℃	20 ℃	
终日(日/月)	平均	9/12	15/11	25/10	1/10	3/9	31/3
	最早	9/12	27/10	29/9	3/9	10/7	10/2
	最晚	31/12	12/12	16/11	22/10	24/9	8/5
持续日数/d	平均	306	251	251	158	99	215
	最长	363	290	290	193	129	157
	最短	261	218	218	117	27	275

葡萄产区气象要素年值

产区平均	产区最高（多/大）	产区最低（少/小）	产区平均	产区最高（多/大）	产区最低（少/小）	产区平均	产区最高（多/大）	产区最低（少/小）	产区平均	产区最高（多/大）	产区最低（少/小）
年平均气温/℃			年降水量/mm			年日照时数/h			年平均最低气温/℃		
13.3	15.5	10.7	565.4	1039.9	271.8	1965.0	2908.5	945.9	8.6	11.7	6.2
年平均最高气温/℃			年平均风速/(m/s)			年大风日数/d					
19.0	21.1	15.8	1.7	3.3	0.4	3.0	19	0			
年极端最低气温/℃			年极端最高气温/℃			年最大积雪深度/cm					
−11.6	−5.2（2015年/宝鸡）	−21.2（2002年/合阳）	38.4	43.4（1966年/长安）	33.8（1984年/耀州）	7	24（1971年/长安、1969年/鄠邑）	0（1999年、2007年、2013年）			

葡萄产区气象要素季值

气象要素	春季			夏季			秋季			冬季		
	产区平均	产区最高（大/多）	产区最低（小/少）	产区平均	产区最高（大/多）	产区最低（小/少）	产区平均	产区最高（大/多）	产区最低（小/少）	产区平均	产区最高（大/多）	产区最低（小/少）
气温/℃	14.1	17.1	11.4	25.0	27.9	22.1	13.2	15.9	10.1	0.9	4.2	−3.4
降水/mm	113.8	328.9	28.0	263.4	594.0	53.3	166.5	427.1	39.4	21.6	72.3	0
日照时数/h	431.0	757.2	162.0	464.9	802.9	173.3	568.6	865.3	180.0	500.6	728.7	259.2
平均最低气温/℃	8.5	12.2	5.8	20.0	22.9	17.7	8.9	12.4	6.1	−3.1	0.4	−7.2
平均最高气温/℃	20.3	24.2	17.1	30.5	34.9	27.0	18.6	22.4	14.9	6.5	10.0	1.6
极端最低气温/℃	1.7	13.5	−12.7	15.1	21.0	7.4	2.3	15.1	−16.5	−9.2	−0.2	−21.2
极端最低气温出现日期		2007年5月13日（鄠邑）	1988年3月7日（合阳）		1994年7月3日（蒲城）	1987年6月7日（合阳）		2005年9月17日（鄠邑）	1987年11月29日（合阳）		2009年2月26日（鄠邑）	2002年12月25日（合阳）

续表

气象要素	春季			夏季			秋季			冬季		
	产区平均	产区最高（大/多）	产区最低（小/少）	产区平均	产区最高（大/多）	产区最低（小/少）	产区平均	产区最高（大/多）	产区最低（小/少）	产区平均	产区最高（大/多）	产区最低（小/少）
极端最高气温/℃	28.8	40.6	15.3	36.9	43.4	30.6	25.9	40.0	13.3	13.9	27.0	3.2
极端最高气温出现日期		1969年5月28日（泾阳）	1976年3月31日（合阳）		1966年6月21日（长安）	1982年8月5日（合阳）		1979年9月5日（宝鸡）	1989年11月1日（宝鸡）		2004年2月13日（宝鸡）	2011年1月22日（合阳）
平均风速/(m/s)	2.0	3.9	0.4	1.8	3.6	0.4	1.5	3.3	0.2	1.6	3.5	0.2
大风日数/d	1.3	13	0	1.1	8	0	0.3	5	0	0.2	3	0

葡萄产区气象要素月值

月份		月平均气温/℃	月降水量/mm	月日照时数/h	月平均最低气温/℃	月平均最高气温/℃	月极端最低气温及出现时间、地点	月极端最高气温及出现时间、地点	月平均风速/(m/s)	月大风日数/d
1月	平均	−0.7	6.0	146.1	−4.6	4.7	−10.6	11.9	1.6	0.1
	最高(多/大)	3.8	33.7	240.7	0	9.4	−2.8 2002年1月22日(户县)	20.7 2002年1月10日(宝鸡)	3.6	2.0
	最低(少/小)	−4.9	0	42.8	−9.3	−0.7	−20.8 1995年1月10日(泾阳)	3.2 2011年1月22日(合阳)	0.1	0
2月	平均	2.8	10.3	148.7	−1.4	8.5	−7.8	16.3	1.8	0.1
	最高(多/大)	8.3	44.8	246.1	3.5	15.5	−0.2 2009年2月26日(鄠邑)	27.0 2004年2月13日(宝鸡)	4.0	2.0
	最低(少/小)	−1.9	0	53.9	−6.1	3.3	−19.7 1969年2月5日(礼泉)	5.6 1972年2月29日(合阳)	0.3	0
3月	平均	8.0	24.2	149.8	3.1	14.0	−3.4	23.5	2.0	0.3
	最高(多/大)	12.2	80.3	265.0	7.4	19.1	3.4 2013年3月2日(鄠邑)	31.5 2010年3月19日(鄠邑)	4.0	4.0
	最低(少/小)	3.1	0	31.7	−0.9	7.8	−12.7 1988年3月7日(合阳)	15.3 1976年3月31日(合阳)	0.4	0

续表

月份		月平均气温/℃	月降水量/mm	月日照时数/h	月平均最低气温/℃	月平均最高气温/℃	月极端最低气温及出现时间、地点	月极端最高气温及出现时间、地点	月平均风速/(m/s)	月大风日数/d
4月	平均	14.5	36.3	137.1	8.8	20.9	1.6	29.4	2.0	0.5
	最高(多/大)	18.8	97.4	245.1	13.1	26.4	7.8 2008年4月1日(鄠邑)	36.9 2006年4月30日(蒲城)	4.0	6.0
	最低(少/小)	11.1	1.1	40.8	5.3	16.8	−8.5 1962年4月3日(合阳)	22.8 1964年4月24日(乾县)	0.3	0
5月	平均	19.8	53.3	144.0	13.7	26.1	6.9	33.5	1.9	0.4
	最高(多/大)	24.1	205.4	252.6	18.2	31.5	13.5 2007年5月13日(鄠邑)	40.6 1969年5月28日(泾阳)	3.8	5.0
	最低(少/小)	15.8	1.3	42.3	10.3	21.4	−0.8 1991年5月2日(合阳)	26.4 1964年5月3日(宝鸡)	0.5	0
6月	平均	24.5	65.5	142.6	18.5	30.7	13.1	37.5	1.9	0.5
	最高(多/大)	27.3	223.5	238.3	21.8	34.8	19.0 2012年6月1日(鄠邑)	43.4 1966年6月21日(长安)	3.5	6.0
	最低(少/小)	20.9	1.5	40.1	15.9	25.6	7.4 1987年6月7日(合阳)	32.3 1983年6月17日(耀州)	0.4	0

续表

月份		月平均气温/℃	月降水量/mm	月日照时数/h	月平均最低气温/℃	月平均最高气温/℃	月极端最低气温及出现时间、地点	月极端最高气温及出现时间、地点	月平均风速/(m/s)	月大风日数/d
7月	平均	26.2	98.5	160.3	21.3	31.5	17.0	37.4	1.8	0.4
	最高(多/大)	28.8	284.5	290.2	24.3	35.5	21.0 1994年7月3日(蒲城)	42.0 1962年7月11日(华州)	3.9	4.0
	最低(少/小)	22.7	10.5	46.6	19.0	26.5	12.9 1973年7月2日(宝鸡)	32.2 1984年7月15日(乾县)	0.3	0
8月	平均	24.4	99.5	162.0	20.2	29.4	15.3	35.9	1.7	0.3
	最高(多/大)	28.4	410.6	282.4	23.1	35.2	19.7 1997年8月17日(鄠邑)	41.6 1973年8月3日(宝鸡)	4.0	4.0
	最低(少/小)	21.8	1.6	24.5	18.1	25.5	8.4 1956年8月31日(宝鸡)	30.6 1982年8月5日(合阳)	0.3	0
9月	平均	19.6	92.6	178.3	15.4	24.7	9.4	31.6	1.5	0.1
	最高(多/大)	22.4	311.3	292.4	18.6	29.6	15.1 2005年9月17日(鄠邑)	40.0 1979年9月5日(宝鸡)	3.2	2.0
	最低(少/小)	16.2	8.8	22.7	12.5	20.0	1.0 1970年9月30日(合阳)	25.4 1964年9月11日(耀州)	0.3	0

续表

月份		月平均气温/℃	月降水量/mm	月日照时数/h	月平均最低气温/℃	月平均最高气温/℃	月极端最低气温及出现时间、地点	月极端最高气温及出现时间、地点	月平均风速/(m/s)	月大风日数/d
10月	平均	13.5	55.2	189.5	9.3	18.9	2.2	26.3	1.5	0.1
	最高(多/大)	17.1	208.5	290.2	14.0	23.1	10.0 2009年10月17日(鄠邑)	34.3 1977年10月1日(鄠邑)	3.5	3.0
	最低(少/小)	9.5	1.5	71.0	5.0	15.0	−6.3 1966年10月28日(合阳)	20.2 1973年10月1日(合阳)	0.2	0
11月	平均	6.4	18.7	200.9	2.1	12.2	−4.5	19.7	1.6	0.1
	最高(多/大)	10.0	84.2	302.9	6.6	16.8	2.0 2006年11月29日(鄠邑)	26.2 2009年11月7日(宝鸡)	3.9	3.0
	最低(少/小)	2.8	0	86.3	−1.6	7.9	−16.5 1987年11月29日(合阳)	13.3 1989年11月1日(宝鸡)	0.2	0
12月	平均	0.7	5.4	205.7	−3.3	6.2	−9.1	13.5	1.6	0
	最高(多/大)	4.2	30.3	319.6	0.3	10.6	−2.9 2006年12月17日(鄠邑)	23.6 1989年12月3日(鄠邑)	3.8	2.0
	最低(少/小)	−4.1	0	78.6	−8.4	−0.4	−21.2 2002年12月25日(合阳)	6.0 1974年12月2日(合阳)	0.2	0

葡萄产区气象要素旬值

月份		旬平均气温/℃			旬降水量/mm			旬日照时数/h			旬平均最低气温/℃			旬平均最高气温/℃		
		平均	最高（大/多）	最低（小/少）	平均	最高（大/多）	最低（小/少）	平均	最高（大/多）	最低（小/少）	平均	最高（大/多）	最低（小/少）	平均	最高（大/多）	最低（小/少）
1月	上旬	−0.6	5.3	−7.7	1.4	20.0	0	47.6	88.9	0	−4.6	0.5	−13.3	5.0	14.8	−1.3
	中旬	−0.9	4.1	−8.4	2.7	27.6	0	46.7	88.0	0	−4.9	1.6	−13.0	4.5	11.1	−3.3
	下旬	−0.5	4.9	−8.7	2.0	14.9	0	51.9	97.2	6.8	−4.5	0.5	−14.1	4.8	11.6	−5.2
2月	上旬	1.3	6.2	−6.5	1.6	16.3	0	50.2	89.7	0	−3.0	4.0	−11.6	7.1	13.2	−1.6
	中旬	3.2	10.7	−2.0	4.8	41.2	0	47.8	90.1	14.6	−1.0	4.6	−6.1	9.0	19.4	2.9
	下旬	4.1	10.7	−2.3	3.9	30.3	0	39.2	82.6	0	−0.1	5.9	−5.4	9.7	17.9	1.8
3月	上旬	5.8	12.1	−0.6	5.6	40.4	0	57.1	97.2	0	0.8	6.7	−6.0	12.2	19.5	4.6
	中旬	8.2	13.4	3.6	8.6	57.1	0	46.4	89.8	0	3.6	9.0	−1.0	14.1	21.5	7.4
	下旬	9.8	16.7	4.6	10.0	41.6	0	56.9	107.0	5.0	4.9	11.7	0	15.7	23.7	8.4
4月	上旬	12.7	17.8	7.4	11.1	53.1	0	58.7	101.7	2.3	7.4	12.6	2.1	18.9	25.1	11.3
	中旬	14.4	19.5	9.9	11.7	72.1	0	62.7	100.6	12.5	8.6	14.4	4.9	21.0	28.0	15.0
	下旬	16.3	22.1	11.0	13.5	61.3	0	68.1	110.8	0	10.5	16.2	6.3	22.9	29.7	15.5

续表

月份		旬平均气温/℃			旬降水量/mm			旬日照时数/h			旬平均最低气温/℃			旬平均最高气温/℃		
		平均	最高（大/多）	最低（小/少）	平均	最高（大/多）	最低（小/少）	平均	最高（大/多）	最低（小/少）	平均	最高（大/多）	最低（小/少）	平均	最高（大/多）	最低（小/少）
5月	上旬	18.4	23.4	12.0	14.5	73.9	0	70.2	108.3	13.3	12.4	17.6	5.6	25.0	31.0	17.9
	中旬	19.3	24.3	13.9	21.0	114.3	0	67.4	117.1	15.1	13.4	18.4	9.6	25.6	32.3	18.7
	下旬	21.3	24.9	17.0	17.7	164.1	0	76.0	126.9	33.2	15.2	20.4	11.6	27.8	32.8	22.2
6月	上旬	23.0	27.7	17.2	21.2	127.1	0	68.6	111.7	8.0	17.0	22.4	12.9	29.5	35.2	20.9
	中旬	24.7	29.1	19.6	20.4	96.4	0	68.0	117.3	9.6	18.8	22.9	15.2	30.9	37.4	23.0
	下旬	25.6	30.3	20.5	23.9	155.6	0	71.2	111.9	9.2	20.0	24.4	16.6	31.7	37.2	23.8
7月	上旬	25.6	30.0	20.5	37.8	168.0	0	64.2	114.1	3.0	20.8	24.3	17.5	31.2	37.2	24.8
	中旬	26.1	31.5	21.2	26.9	130.8	0	68.8	119.5	7.1	21.4	26.9	17.4	31.4	37.4	25.5
	下旬	26.6	31.2	21.8	33.8	170.9	0	78.5	133.2	20.4	22.0	25.6	18.2	31.9	37.6	26.1
8月	上旬	26.0	30.1	21.9	28.8	233.8	0	69.3	113.9	5.2	21.7	24.8	18.0	31.2	36.2	26.1
	中旬	24.2	28.6	20.3	35.8	217.4	0	60.2	110.0	5.4	20.1	24.6	16.4	29.1	34.9	24.6
	下旬	23.1	30.1	19.7	34.9	171.5	0	64.0	129.0	0	19.0	24.2	16.0	28.2	37.0	23.2

续表

月份		旬平均气温/℃			旬降水量/mm			旬日照时数/h			旬平均最低气温/℃			旬平均最高气温/℃		
		平均	最高（大/多）	最低（小/少）	平均	最高（大/多）	最低（小/少）	平均	最高（大/多）	最低（小/少）	平均	最高（大/多）	最低（小/少）	平均	最高（大/多）	最低（小/少）
9月	上旬	21.4	27.4	17.2	34.7	187.8	0	52.3	113.4	0	17.4	21.3	14.0	26.5	35.0	19.8
	中旬	19.5	25.7	13.9	29.3	153.3	0	51.0	96.6	0	15.4	21.7	11.4	24.8	32.4	16.9
	下旬	17.6	21.1	13.3	28.5	133.6	0	45.8	104.0	0	13.6	17.3	8.0	22.8	29.2	15.3
10月	上旬	15.7	22.6	10.1	20.1	133.1	0	45.4	103.9	0	11.5	16.1	6.7	21.1	30.9	14.7
	中旬	13.6	18.6	8.3	23.9	133.8	0	40.7	90.3	0	9.9	15.5	5.4	18.8	25.8	10.5
	下旬	11.3	16.6	6.9	11.2	83.9	0	56.1	104.7	7.4	6.9	12.9	1.3	17.2	23.0	12.1
11月	上旬	9.2	13.9	3.5	7.0	38.8	0	53.6	98.9	0	4.6	8.9	−0.4	15.5	22.4	7.8
	中旬	5.9	10.4	−2.6	8.2	78.1	0	46.2	85.0	3.5	1.8	7.2	−5.9	11.6	17.5	1.4
	下旬	4.0	7.9	−2.4	3.5	37.6	0	45.5	87.6	0	0	6.1	−6.4	9.6	15.1	2.4
12月	上旬	2.0	7.8	−3.4	1.7	19.2	0	49.8	85.6	0	−2.1	3.0	−8.4	7.6	15.1	2.0
	中旬	0.5	4.4	−5.2	1.7	18.2	0	46.7	87.1	0	−3.4	1.2	−10.2	6.1	12.7	−1.5
	下旬	−0.4	5.3	−8.9	1.9	23.3	0	51.5	90.0	0	−4.4	2.1	−12.9	5.1	12.7	−4.3

3.5 陕西葡萄农业气象周年服务重点(赵胜建,2009)

1月

重要天气:大风降温(寒潮);

主要节气:小寒、大寒。

区域	主要农时与农事	重点关注气象要素	主要农业气象灾害及其影响特征
关中	植株休眠	大风≥8级 日最低气温:欧亚种－18 ℃,欧美杂交种－20 ℃(芽眼冻害); 根系分布层地温:欧亚种－5 ℃,欧美杂交种－12 ℃(根系冻害)	冻害:枝蔓发生轻微冻害后,形成层仍为绿色,木质部和髓部变为褐色,长势弱,坐果率降低;严重受冻时,形成层变为褐色,枝条枯死。芽眼轻微受冻,主芽受伤不能萌发,而副芽和芽垫层还可萌发出新梢;严重受冻导致芽垫层受冻,则整个芽眼将会死亡,不能萌发长出新枝(受冻植株的识别:葡萄出土上架后,将一年生枝剪下一小段检查。如果枝条剪口断面为绿色,出现伤流,且速度越来越快,说明无冻害。如果伤流量少或没有,应立即挖土验根。伤流极慢且枝条及根系断面部分浅褐色,说明植株发生了轻微冻害。如果只有少量伤流,枝条及根系断面均呈褐色,则为严重冻害。如无伤流且枝条及根系断面褐变,根系木质部与韧皮部易分离的,说明已受冻害致死。轻微受冻的植株可立即上架,只要加强管理,可逐渐恢复生长。根系冻死量达50%以上时,一般很难恢复活力,必须从基部平茬催根或重新移栽。根系冻死量在40%以下时,可采取措施补救); 干旱多风:枝条失水严重,会造成枝蔓抽条死亡

2月

重要天气：大风降温(寒潮)；

主要节气：立春、雨水。

区域	主要农时与农事	重点关注气象要素	主要农业气象灾害及其影响特征
关中	植株休眠	大风≥8级； 日最低气温：欧亚种－18 ℃，欧美杂交种－20 ℃(芽眼冻害)； 根系分布层地温：欧亚种－5 ℃，欧美杂交种－12 ℃(根系冻害)	冻害：枝蔓发生轻微冻害后，形成层仍为绿色，木质部和髓部变为褐色，长势弱，坐果率降低；严重受冻时，形成层变为褐色，枝条枯死。芽眼轻微受冻，主芽受伤不能萌发，而副芽和芽垫层还可萌发出新梢；严重受冻导致芽垫层受冻，则整个芽眼将会死亡，不能萌发长出新枝(受冻植株的识别：葡萄出土上架后，将一年生枝剪下一小段检查。如果枝条剪口断面为绿色，出现伤流，且速度越来越快，说明无冻害。如果伤流量少或没有，应立即挖土验根。伤流极慢且枝条及根系断面部分浅褐色，说明植株发生了轻微冻害。如果只有少量伤流，枝条及根系断面均呈褐色，则为严重冻害。如无伤流且枝条及根系断面褐变，根系木质部与韧皮部易分离的，说明已受冻害致死。轻微受冻的植株可立即上架，只要加强管理，可逐渐恢复生长。根系冻死量达50%以上时，一般很难恢复活力，必须从基部平茬催根或重新移栽。根系冻死量在40%以下时，可采取措施补救)； 干旱多风：枝条失水严重，会造成枝蔓抽条死亡

3月

重要天气：倒春寒、气温回升；

主要节气：惊蛰、春分。

区域	主要农时与农事	重点关注气象要素	主要农业气象灾害及其影响特征
关中	葡萄树液流动、根系活动旺盛、芽开始萌动	1. 降水量(秋、冬、春降水量)； 2. 下旬最低气温：气温回升后突然强降温(刚萌幼芽耐受低温界限－1～－4 ℃)	干旱多风：枝条失水严重，影响萌芽整齐度和新梢长势； 低温：可造成刚萌发的幼芽受冻变褐死亡

4月

重要天气：倒春寒、气温回升；

主要节气：清明、谷雨。

区域	主要农时与农事	重点关注气象要素	主要农业气象灾害及其影响特征
关中	葡萄萌芽、展叶和新梢生长	1. 降水量（秋、冬、春降水量）； 2. 上中旬日最低气温：－1～－4 ℃（刚萌幼芽耐受低温界限）；－0.5 ℃（幼叶耐受低温界限）； 3. 下旬日最低气温－1.1 ℃（花蕾期耐受低温界限）； 4. 大风≥6级	干旱：枝条失水严重，影响萌芽整齐度和新梢长势； 低温：可造成刚萌发的幼芽、幼叶受冻变褐死亡。花蕾受冻后变褐死亡，影响当年产量； 大风：新梢生长期大风易造成新梢从基部吹断，使树体缺枝而无法弥补

5月

重要天气：阴雨低温、干旱、大风；

主要节气：立夏、小满。

区域	主要农时与农事	重点关注气象要素	主要农业气象灾害及其影响特征
关中	葡萄新梢快速生长、开花坐果、幼果生长	1. 阴雨低温（开花期连阴雨或气温＜15 ℃）； 2. 大风≥6 级； 3. 降水量（秋、冬、春降水量）	阴雨低温：开花期阴雨低温天气影响花粉萌发及柱头分泌营养液，出现坐果不良； 大风：新梢生长期大风会造成折枝，使树体缺枝而无法弥补；开花期遇大风会缩短柱头授粉时间，吹落花粉，蜜蜂等昆虫活动受限，造成授粉不良；幼果期遇大风会造成枝条摩擦果实，形成虎皮，影响果实外观； 干旱：持续干旱会导致落花，引起闭花受精，造成落果；幼果期干旱影响细胞分裂，果粒小

6月

重要天气：高温、干旱、冰雹、大风；

主要节气：芒种、夏至。

区域	主要农时与农事	重点关注气象要素	主要农业气象灾害及其影响特征
关中	葡萄幼果迅速膨大、花芽开始分化	1. 日最高气温≥35 ℃； 2. 大风≥6 级； 3. 降水量(春、夏降水量)； 4. 冰雹	高温：果实在 35 ℃以上高温条件下容易灼伤，受高温影响的一侧会失水变为浅褐色，最后整个果粒皱缩变干，又是会连带附近的果粒失水，造成果穗一个分支全部干枯； 大风：浆果膨大期遇大风会造成枝条摩擦果实，形成虎皮，影响果实外观，随着树体和果实的生长，架面负重会逐渐加大，大风会造成塌架危险； 干旱：持续干旱会导致果实细胞分裂数少，果粒小； 冰雹：对葡萄产生的伤害是机械伤，在葡萄枝条上造成很多伤口，导致伤口部位的形成层和皮层死亡，伤口愈合后形成褐色死组织，影响营养物质输送。严重雹灾会打断新梢和果穗，砸毁果粒，导致叶片残缺不全，影响光合作用

7月

重要天气：高温、干旱、冰雹、大风、连阴雨、暴雨；

主要节气：小暑、大暑。

区域	主要农时与农事	重点关注气象要素	主要农业气象灾害及其影响特征
关中	葡萄浆果膨大、早熟品种陆续着色成熟	1. 日最高气温≥35 ℃； 2. 大风≥6级； 3. 降水量（伏旱）、降水量＞50 mm（早熟品种采收前1个月降水量不宜超过50 mm）； 4. 下旬连阴雨（早熟葡萄成熟采收期）； 5. 暴雨； 6. 冰雹	高温：果实在35 ℃以上高温条件下容易灼伤，受高温影响的一侧会失水变为浅褐色，最后整个果粒皱缩变干，又会连带附近的果粒失水，造成果穗一个分支全部干枯； 大风：浆果膨大期遇大风会造成枝条摩擦果实，形成虎皮，影响果实外观，随着树体和果实的生长，架面负重会逐渐加大，大风会造成塌架危险； 干旱：持续干旱会导致果实细胞分裂数少，果粒小； 冰雹：对葡萄产生的伤害是机械伤，在葡萄枝条上造成很多伤口，导致伤口部位的形成层和皮层死亡，伤口愈合后形成褐色死组织，影响营养物质输送。严重雹灾会打断新梢和果穗，砸毁果粒，导致叶片残缺不全，影响光合作用； 连阴雨：主要影响葡萄正常的生理功能，并且加大了病虫害的防治难度，多数真菌病害是通过风雨传播，湿度大有利于浸染和发病，连续性降雨又限制了喷药，这样往往会造成病害蔓延。过多的降水会造成土壤含水量长时间处于饱和状态，影响根系的各项生理活动，有时会造成根系死亡。成熟采收期遇连阴雨会影响到果实品质、耐储性，造成早熟品种果实不上色、糖度低、贮藏期短，个别品种还会发生裂果现象； 浆果着色期水分过多，将影响糖分积累，着色慢，降低品质和风味，易发生白腐病、炭疽病、霜霉病等；葡萄浆果成熟期，前期干旱，若突降暴雨，致使浆果大量吸水，造成果实内外膨压差过大而发生裂果

8月

重要天气：高温、干旱、冰雹、大风、连阴雨、暴雨；

主要节气：立秋、处暑。

区域	主要农时与农事	重点关注气象要素	主要农业气象灾害及其影响特征
关中	晚熟品种浆果膨大、中熟品种陆续着色成熟、葡萄采收	1. 日最高气温≥35 ℃； 2. 大风≥6 级； 3. 降水量（伏旱）、降水量＞50 mm（中晚熟品种采收前1个月降水量不宜超过 50 mm）； 4. 连阴雨； 5. 冰雹； 6. 暴雨	高温：果实在 35 ℃以上高温条件下容易灼伤，受高温影响的一侧会失水变为浅褐色，最后整个果粒皱缩变干，又会连带附近的果粒失水，造成果穗一个分支全部干枯； 大风：会造成塌架危险。 冰雹：对葡萄产生的伤害是机械伤，在葡萄枝条上造成很多伤口，导致伤口部位的形成层和皮层死亡，伤口愈合后形成褐色死组织，影响营养物质输送。严重雹灾会打断新梢和果穗，砸毁果粒，导致叶片残缺不全，影响光合作用； 浆果着色期水分过多，将影响糖分积累，着色慢，降低品质和风味，易发生白腐病、炭疽病、霜霉病等；葡萄浆果成熟期，前期干旱，若突降暴雨，致使浆果大量吸水，造成果实内外膨压差过大而发生裂果； 连阴雨：主要影响葡萄正常的生理功能，并且加大了病虫害的防治难度，多数真菌病害是通过风雨传播，湿度大有利于浸染和发病，连续性降雨又限制了喷药，这样往往会造成病害蔓延。过多的降水会造成土壤含水量长时间处于饱和状态，影响根系的各项生理活动，有时会造成根系死亡。成熟采收期遇连阴雨会影响到果实品质、耐储性，造成早中熟品种果实不上色、糖度低、贮藏期短，个别品种还会发生裂果现象

9月

重要天气：大风、连阴雨；

主要节气：白露、秋分。

区域	主要农时与农事	重点关注气象要素	主要农业气象灾害及其影响特征
关中	晚熟品种着色成熟、葡萄采收	1. 大风≥6 级； 2. 降水量＞50 mm(晚熟品种采收前 1 个月降水量不宜超过 50 mm)； 3. 连阴雨	大风：大风会造成塌架危险； 连阴雨：主要影响葡萄正常的生理功能，并且加大了病虫害的防治难度，多数真菌病害是通过风雨传播，湿度大有利于浸染和发病，连续性降雨又限制了喷药，这样往往会造成病害蔓延。过多的降水会造成土壤含水量长时间处于饱和状态，影响根系的各项生理活动，有时会造成根系死亡。成熟采收期遇连阴雨会影响到果实品质、耐储性，造成晚熟品种果实不上色、糖度低、贮藏期短，个别品种还会发生裂果现象。枝蔓成熟期雨水过多，造成枝蔓成熟过程延长，成熟度变差，易造成冬季低温冻害，不利安全越冬； 浆果着色期水分过多，将影响糖分积累，着色慢，降低品质和风味，易发生白腐病、炭疽病、霜霉病等，某些品种还可能出现裂果

10月

重要天气：早霜冻、连阴雨；

主要节气：寒露、霜降。

区域	主要农时与农事	重点关注气象要素	主要农业气象灾害及其影响特征
关中	植株进入营养积累期，新梢逐渐成熟	1.连阴雨； 2.早霜冻（最低气温0 ℃以下）	连阴雨：雨水过多，使枝蔓成熟延缓，枝蔓成熟度变差，易造成冬季低温冻害，给安全越冬带来隐患； 早霜冻：秋末气温突然急剧下降至0 ℃以下，葡萄枝芽尚未完成抗寒锻炼而受冻，出现冬芽枯死脱落、枝条髓部和木质部变褐，严重时形成层也冻伤，来年芽不萌发或很少萌发，轻者来年树体衰弱、大减产，重者造成枝蔓大量枯死、整株死亡或毁园、绝产

11月

重要天气：早霜冻；

主要节气：立冬、小雪。

区域	主要农时与农事	重点关注气象要素	主要农业气象灾害及其影响特征
关中	葡萄落叶进入休眠期	早霜冻（最低气温0 ℃以下）	早霜冻：秋末气温突然急剧下降至0 ℃以下，葡萄枝芽尚未完成抗寒锻炼而受冻，出现冬芽枯死脱落、枝条髓部和木质部变褐，严重时形成层也冻伤，来年芽不萌发或很少萌发，轻者来年树体衰弱、大减产，重者造成枝蔓大量枯死、整株死亡或毁园、绝产

12 月

重要天气:大风降温(寒潮);

主要节气:大雪、冬至。

区域	主要农时与农事	重点关注气象要素	主要农业气象灾害及其影响特征
关中	植株休眠	1. 大风≥8 级; 2. 日最低气温:欧亚种 −18 ℃,欧美杂交种 −20 ℃(芽眼冻害); 3. 根系分布层地温:欧亚种 −5 ℃,欧美杂交种 −12 ℃(根系冻害)	冻害:枝蔓发生轻微冻害后,形成层仍为绿色,木质部和髓部变为褐色,长势弱,坐果率降低;严重受冻时,形成层变为褐色,枝条枯死。芽眼轻微受冻,主芽受伤不能萌发,而副芽和芽垫层还可萌发出新梢;严重受冻导致芽垫层受冻,则整个芽眼将会死亡,不能萌发长出新枝(受冻植株的识别:葡萄出土上架后,将一年生枝剪下一小段检查。如果枝条剪口断面为绿色,出现伤流,且速度越来越快,说明无冻害。如果伤流量少或没有,应立即挖土验根。伤流极慢且枝条及根系断面部分浅褐色,说明植株发生了轻微冻害。如果只有少量伤流,枝条及根系断面均呈褐色,则为严重冻害。如无伤流且枝条及根系断面褐变,根系木质部与韧皮部易分离的,说明已受冻害致死。轻微受冻的植株可立即上架,只要加强管理,可逐渐恢复生长。根系冻死量达50%以上时,一般很难恢复活力,必须从基部平茬催根或重新移栽。根系冻死量在40%以下时,可采取措施补救); 干旱多风:枝条失水严重,会造成枝蔓抽条死亡

第4章 柑橘气象服务

柑橘属亚热带常绿果树，喜温暖湿润气候，畏寒冷，一般认为 12.8 ℃为柑橘开始生长温度，生长最适宜温度为 23～31 ℃，37～38 ℃时生长受抑制。有效积温对柑橘的生长影响很大，中国柑橘产区≥10 ℃年积温为 4500～9000 ℃·d。适宜栽培柑橘的地区年平均气温为 15～22 ℃，冷月（1—2 月）平均气温 3 ℃以上，不同的柑橘种类和品种，要求适宜的温度不同。

柑橘性喜湿润，周年需水量大，年降水量以 1200～2000 mm 为宜。在柑橘生长季节，雨量多而均匀，可降低灌溉成本，若降雨少或干旱季节，须进行灌溉。年降水量 1000～1500 mm，生长季节每月 120～150 mm 的地区，适宜柑橘的栽培（黄寿波 等，2010）。

4.1 陕西柑橘产量与面积、种植基地县

2006—2020 年陕西柑橘产量与面积、种植基地县*

年份	全省总面积、总产量		主产地产量	
			汉中	安康
	面积/hm²	产量/t	产量/t	产量/t
2006	21492	163237	129914	32241
2007	23273	224300	195918	38705
2008	25650	237309	195471	46960
2009	28861	308028	259071	56267
2010	33944	286765	223842	60852
2011	35498	342801	297859	72664
2012	36691	368010	312166	75722
2013	37650	476854	323635	79444

* 数据来源于《陕西统计年鉴》。

续表

年份	全省总面积、总产量		主产地产量	
			汉中	安康
	面积/hm^2	产量/t	产量/t	产量/t
2014	38181	503630	337809	84397
2015	37803	531257	357212	82422
2016	25867	435618	349433	84413
2017	23234	457490	36830	87606
2018	23497	469069	383017	84709
2019	23734	503587	413325	89360
2020	23570	518775	429997	87886

陕西柑橘种植基地县

主产市	基地县
汉中	城固、勉县、洋县、汉台、西乡
安康	紫阳、石泉、汉阴、旬阳、汉滨、岚皋、平利、白河

4.2 陕西柑橘物候历、物候期气象条件与指标

柑橘物候历(旬/月)

主产区	萌芽期	开花期	果实膨大期	着色成熟期	休眠期
陕南果区	下/3—上/4	下/4—上/5	上/6—下/9	中/9—中/10	上/12—次年下/2

陕西柑橘物候期气象条件与指标

物候期	主产区	有利气象条件	不利气象条件	气候背景
萌芽期	陕南	平均气温:≥12.8 ℃;风速:≤6 m/s;相对湿度:70%~80%	平均气温:<6 ℃或≥35 ℃;风速:≥9 m/s	平均气温:12.1~13.4 ℃;平均最低气温:7.5~9.0 ℃;降水量:24.7~38.1 mm;日照时数:73.9~94.6 h
开花期	陕南	平均气温:16~25 ℃;风速≤6 m/s;相对湿度:70%~80%	最低气温≤-0.6 ℃受冻;平均气温≥25 ℃、日最高气温≥30 ℃、相对湿度≤70%易发生落花	平均气温:17.7~19.1 ℃;平均最高气温:23.9~25.7 ℃;降水量:35.7~58.5 mm;日照时数:108.5~118.5 h
果实膨大期	陕南	平均气温:20~25 ℃;月降水量:120~150 mm	日平均气温≥28 ℃、日最高气温≥33 ℃、相对湿度≤70%易发生落果;最高气温37~38 ℃生长受到抑制,出现高温热害	平均气温:23.2~25.0 ℃;极端最高气温:27.2~43.1 ℃;平均最高气温:27.8~30.2 ℃;降水量:464.5~665.1 mm;日照时数:610.2~712.7 h

续表

物候期	主产区	有利气象条件	不利气象条件	气候背景
着色成熟期	陕南	日较差≥6 ℃	最高≥37 ℃,风速≥9 m/s,湿度≤70%;秋季连阴雨	平均气温:17.4～18.9 ℃;平均阴雨日数:15.9～18.2天;降水量:110.2～163.9 mm;日照时数:118.5～155.2 h;平均日较差:6.8～8.5 ℃
休眠期		平均气温:5～10 ℃	最低气温:甜橙－4 ℃,温州蜜柑－5 ℃时会使枝叶受冻;甜橙－5 ℃以下,温州蜜柑－6 ℃以下会冻伤大枝和枝干;甜橙－6.5 ℃以下,温州蜜柑－9 ℃以下会使植株冻死	平均气温:2.6～4.2 ℃;平均最低气温:0～1.5 ℃;极端最低气温:－2.7～6.3 ℃;日照时数:219.9～340.6 h

4.3 陕西柑橘主要气象灾害

柑橘的主要气象灾害有低温冻害和高温干旱。低温冻害对柑橘树的威胁极大,主要取决于低温出现的迟早,强度大小和持续的时间长短;高温干旱天气,不仅抑制柑橘叶片光合作用,减弱养分的积累,而且还会导致严重落花、落果、落叶,从而严重影响柑橘的产量和品质。

柑橘产区主要气象灾害

灾害类型	发生时段	影响生育期	灾害指标	灾害症状	灾害典型年
冻害	11月—次年2月	越冬期	以极端最低气温 T_D 为评价因子：轻度：日最低气温 −7 ℃ < T_D ≤ −5 ℃；中度：日最低气温 −9 ℃ < T_D ≤ −7 ℃；重度：日最低气温 T_D ≤ −9 ℃	冬季低温冻害：冻害发生时，叶片最先受冻而萎蔫、失绿、干枯或脱落，随后当年生枝自上而下脱水干缩，进而发展到主枝、主干，严重者全株死亡	1986、1991、2016
高温热害	6—8月	果实膨大—成熟期	以日最高气温 T_G 为评价因子：轻度：日最高气温 T_G ≥ 37 ℃（3～4 d）；中度：日最高气温 T_G ≥ 37 ℃（5～6 d）；重度：日最高气温 T_G ≥ 37 ℃（7 d以上）	高温抑制柑橘叶片光合作用，减弱养分积累，导致落花落果和缩果	2014、2017

4.4 陕西柑橘农业气候资源

柑橘是亚热带常绿果树，性喜温暖怕低温、干旱。热量条件、光照条件、水分条件等气候资源与柑橘的生长发育、产量和品质密切相关，合理利用种植区域气候资源条件，在柑橘生产环节中至关重要。

柑橘产区稳定通过界限温度积温及无霜期

初终日、积温、日数		稳定通过界限温度					无霜期
		0 ℃	5 ℃	10 ℃	15 ℃	20 ℃	
积温/(℃·d)	平均	5451.1	5149	4648.9	3891.7	2640.4	
	最大	6332.1	6222.4	5623	4772	3891.7	
	最小	4673.4	4347.4	3998.7	2838.8	1232.5	
初日(日/月)	平均	7/1	23/2	26/3	21/4	27/5	17/11
	最早	9/12	27/10	29/9	3/9	10/7	20/10
	最晚	31/12	12/12	16/11	22/10	24/9	1/12
终日(日/月)	平均	8/2	10/3	1/4	27/4	28/5	15/3
	最早	1/1	2/2	1/3	2/4	2/4	10/2
	最晚	21/3	4/11	30/4	17/5	20/7	9/4
持续日数/d	平均	357	284	227	172	106	245
	最长	366	347	270	210	153	259
	最短	291	240	191	126	52	181

柑橘产区气象要素年值

产区平均	产区最高（多/大）	产区最低（少/小）	产区平均	产区最高（多/大）	产区最低（少/小）	产区平均	产区最高（多/大）	产区最低（少/小）	产区平均	产区最高（多/大）	产区最低（少/小）
年气温/℃			年降水量/mm			年日照/h			年平均最低气温/℃		
14.9	17.3	13.1	882.8	1679.3	441.5	1561.2	2080	752.1	11.0	11.8	10.5
年平均最高气温/℃			年平均风速/(m/s)			年大风日数/d					
26.5	36.7	4.3	1.2	3.0	0.5	2.3	22	0			
年极端最低气温/℃			年极端最高气温/℃			年最大积雪深度/cm					
−5.3	−2.4	−14.6	37.5	43.1	32.9	3.8	29.0	0			

柑橘产区气象要素季值

气象要素	春季			夏季			秋季			冬季		
	产区平均	产区最高（大/多）	产区最低（小/少）	产区平均	产区最高（大/多）	产区最低（小/少）	产区平均	产区最高（大/多）	产区最低（小/少）	产区平均	产区最高（大/多）	产区最低（小/少）
气温/℃	15.2	24.5	5.8	24.9	29.8	21.0	15.1	24.7	11.3	4.3	17.3	0.8
降水/mm	181.8	382.7	52.0	417.0	1057.0	94.5	234.1	600.9	43.9	27.4	150.8	1.0
日照时数/h	438.0	637.5	212.8	539.1	801.9	245.5	312.7	592.0	89.0	271.3	491.8	81.7
平均最低气温/℃	10.5	18.5	2.2	20.9	25.1	16.6	11.8	20.5	1.9	0.8	6.3	−2.7
平均最高气温/℃	21.3	32.2	9.9	30.3	36.7	25.4	19.9	30.6	10.1	9.2	16.7	4.3
极端最低气温/℃	4.5	14.4	−5.7	15.1	21.0	7.4	2.3	15.1	−16.5	−9.2	−0.2	−21.2
极端最低气温出现日期		2000年5月28日（旬阳）	1995年3月4日（洋县）		2013年7月30日（旬阳）	1980年6月2日（西乡）		2014年9月20日（安康）	1997年11月30日（西乡）		2009年2月（汉中）三天以上	1991年12月28日（平利）

续表

气象要素	春季			夏季			秋季			冬季		
	产区平均	产区最高（大/多）	产区最低（小/少）	产区平均	产区最高（大/多）	产区最低（小/少）	产区平均	产区最高（大/多）	产区最低（小/少）	产区平均	产区最高（大/多）	产区最低（小/少）
极端最高气温/℃	29.6	39.8	15.7	36.3	43.1	30.0	26.6	41.2	15.2	15.7	25.1	8.5
极端最高气温出现日期		2007年5月20日（旬阳）	1970年3月25日（汉中）		2006年7月19日（旬阳）	1952年8月30日（汉中）		1997年9月6日（白河）	1976年11月7日（汉中）；1989年11月1日（汉中、勉县）		2010年2月25日（旬阳）	1974年12月1日（旬阳）
平均风速/(m/s)	1.4	3.5	0.5	1.2	2.8	0.5	1.1	3.0	0.3	1.2	3.5	0.3
大风日数/d	0.9	9.0	0	1.0	6.0	0	0.2	4.0	0	0.2	3.0	0

柑橘产区气象要素月值

月份		月平均气温/℃	月降水量/mm	月日照时数/h	月平均最低气温/℃	月平均最高气温/℃	月极端最低气温及出现时间、地点	月极端最高气温及出现时间、地点	月平均风速/(m/s)	月大风日数/d
1月	平均	3.1	6.3	93.9	−0.3	7.9	−5.1	14.1	1.1	0.05
	最高(多/大)	6.4	56.1	179.1	2.0	13.1	−1.2 2015年1月28日(旬阳)	21.6 2014年1月30日(白河)	3.4	2.0
	最低(少/小)	0.8	0	18.7	−2.7	4.3	−11.2 1977年1月30日(平利)	8.9 1989年1月26日(汉中、勉县)	0.2	0
2月	平均	5.6	12.1	87.0	1.9	10.7	−3.4	18.3	1.4	0.08
	最高(多/大)	9.6	61.1	188.4	6.3	16.7	2.7 2009年2月(汉中)3天以上	25.1 2010年2月25日(旬阳)	4.2	3.0
	最低(少/小)	2.2	0	10.9	−1.2	6.0	−8.4 1952年2月19日(汉中)	12.5 1972年2月29日(平利)	0.3	0
3月	平均	9.9	30.1	119.5	5.6	15.7	−4.4	25.0	1.5	0.25
	最高(多/大)	14.3	89.3	221.7	9.0	21.6	4.0 1973年3月15日(安康);1973年3月2日(岚皋)	34.9 2003年3月30日(旬阳)	4.5	9.0
	最低(少/小)	5.8	0.4	4.4	2.2	9.9	−5.7 1995年3月4日(洋县)	15.7 1970年3月25日(汉中)	0.5	0

续表

月份		月平均气温/℃	月降水量/mm	月日照时数/h	月平均最低气温/℃	月平均最高气温/℃	月极端最低气温及出现时间、地点	月极端最高气温及出现时间、地点	月平均风速/(m/s)	月大风日数/d
4月	平均	15.6	56.7	149.0	10.8	21.9	4.4	30.7	1.4	0.34
	最高(多/大)	19.7	151.9	234.3	13.5	27.9	10.0 2014年4月27日(安康)	38.4 2011年4月29日(蒲城)	3.5	4.0
	最低(少/小)	13.0	10.8	35.8	8.2	17.8	−2.6 1969年4月4日(平利)	22.1 1990年4月14日(勉县)	0.4	0
5月	平均	20.1	94.9	169.4	15.3	26.3	9.6	33.2	1.3	0.33
	最高(多/大)	24.5	278.1	249.9	18.5	32.2	14.4 2000年5月28日(旬阳)	39.8 2007年5月20日(旬阳)	3.0	54.0
	最低(少/小)	16.4	19.2	65.9	12.2	22.0	4.9 1960年5月7日(白河)	27.8 1957年5月24日(汉中)	0.4	0
6月	平均	23.7	111.1	169.4	19.3	29.3	14.8	35.7	1.3	0.32
	最高(多/大)	27.4	387.1	243.9	22.5	34.0	19.7 2002年6月10日(旬阳)	41.4 2011年6月8日(白河)	3.3	4.0
	最低(少/小)	21.0	11.3	77.0	16.6	25.4	9.6 1980年6月2日(西乡)	30.9 1980年6月13日(勉县)	0.5	0

续表

月份		月平均气温/℃	月降水量/mm	月日照时数/h	月平均最低气温/℃	月平均最高气温/℃	月极端最低气温及出现时间、地点	月极端最高气温及出现时间、地点	月平均风速/(m/s)	月大风日数/d
7月	平均	25.9	166.2	186.7	22.0	31.1	18.4	36.7	1.3	0.39
	最高(多/大)	29.8	482.2	302.4	25.1	36.6	23.0 2013年7月30日(旬阳)	43.1 2006年7月19日(旬阳)	3.3	6.0
	最低(少/小)	22.1	6.7	60.3	19.2	26.2	12.5 1968年7月14日(岚皋)	32.1 2007年7月10日(勉县)	0.5	0
8月	平均	25.2	139.6	183.0	21.4	30.5	17.2	36.4	1.1	0.3
	最高(多/大)	29.8	608.0	303.6	24.7	36.7	22.0 1967年8月16日(白河)	42.1 2002年8月13日(白河)	2.9	4.0
	最低(少/小)	21.9	5.6	75.8	18.6	26.5	12.6 1976年8月31日(汉阴)、1969年8月27日(平利)	30.0 1952年8月30日(汉中)	0.4	0
9月	平均	20.6	128.0	118.4	17.3	25.4	12.3	32.5	1.0	0.07
	最高(多/大)	24.7	445.6	210.2	20.5	30.6	16.8 2014年9月20日(安康)	41.2 1997年9月26日(白河)	3.3	2.0
	最低(少/小)	17.9	12.5	26.5	14.3	21.4	6.9 1997年9月27日(平利)	27.2 1982年9月20日、1985年9月1日(勉县)	0.2	0

续表

月份		月平均气温/℃	月降水量/mm	月日照时数/h	月平均最低气温/℃	月平均最高气温/℃	月极端最低气温及出现时间、地点	月极端最高气温及出现时间、地点	月平均风速/(m/s)	月大风日数/d
10月	平均	15.2	77.1	100.7	12.1	19.9	6.1	26.6	1.0	0.38
	最高(多/大)	18.7	233.8	202.4	15.6	24.8	12.4 2009年10月23日(旬阳、安康)	35.5 2013年10月12日(旬阳)	3.4	4.0
	最低(少/小)	11.3	10.3	23.9	8.5	15.4	−1.8 1986年10月29日(勉县)	20.2 1961年10月5日、1973年10月21日(勉县)	0.2	0
11月	平均	9.3	28.9	93.5	6.0	14.2	−0.1	20.7	1.1	0.05
	最高(多/大)	13.0	138.4	199.6	9.3	20.4	7.2 2011年11月20日(安康)	27.7 1979年11月2日(旬阳)	3.7	3.0
	最低(少/小)	26.4	0	14.3	1.9	10.1	−5.3 1971年11月30日(西乡)	15.2 1976年11月7日(汉中、1989年11月1日(汉中、勉县)	0.2	0
12月	平均	4.3	8.9	90.3	1.0	8.9	−4.2	14.9	1.1	0.05
	最高(多/大)	7.3	35.3	190.0	3.6	13.2	0.4 1998年12月16日(紫阳)	20.6 2010年12月2日(白河)	3.6	3.0
	最低(少/小)	1.6	0	11.4	−2.2	5.5	−14.6 1991年12月2日(平利)	8.5 1974年12月1日(旬阳)	0.1	0

柑橘产区气象要素旬值

		旬平均气温/℃			旬降水量/mm			旬日照时数/h			旬平均最低气温/℃			旬平均最高气温/℃		
		平均	最高（大/多）	最低（小/少）	平均	最高（大/多）	最低（小/少）	平均	最高（大/多）	最低（小/少）	平均	最高（大/多）	最低（小/少）	平均	最高（大/多）	最低（小/少）
1月	上旬	3.1	7.2	0.3	1.7	45.0	0	32.0	81.2	0	−0.4	3.6	−4.7	8.2	16.9	3.6
	中旬	2.8	7.3	−1.1	2.7	23.6	0	28.5	73.9	0	−0.4	3.5	−3.2	7.5	16.0	0.5
	下旬	3.3	8.7	−1.5	1.9	18.0	0	33.4	79.3	0	−0.2	4.4	−4.8	8.3	15.0	1.1
2月	上旬	4.6	9.2	−0.5	1.8	13.9	0	32.3	81.3	0	0.9	6.3	−3.7	9.9	16.6	0
	中旬	5.9	10.5	1.1	5.9	53.6	0	29.9	75.0	1.6	2.1	7.1	−2.3	11.0	17.8	5.0
	下旬	6.5	11.4	0.8	4.4	43.8	0	24.7	74.6	0	2.9	7.8	−2.3	11.4	18.4	4.3
3月	上旬	8.0	12.1	3.1	6.4	41.7	0	41.2	81.6	1.5	3.5	7.9	−1.3	14.0	20.5	6.9
	中旬	10.2	15.8	5.6	10.1	52.8	0	35.8	82.0	0	6.0	11.2	1.7	15.9	23.2	9.5
	下旬	11.5	18.4	7.1	13.5	89.1	0	42.5	85.7	0	7.1	12.5	3.5	17.3	26.7	10.1
4月	上旬	13.9	18.5	8.1	17.6	68.5	0	41.0	86.9	0	9.5	12.8	5.7	19.8	26.1	11.0
	中旬	15.6	19.7	11.8	18.7	83.5	0	51.7	95.6	1.7	10.6	14.5	6.9	22.1	29.1	16.1
	下旬	17.4	23.2	13.0	20.3	94.6	0.5	56.2	97.8	6.3	12.3	17.1	9.2	24.0	32.3	17.8

续表

		旬平均气温/℃			旬降水量/mm			旬日照时数/h			旬平均最低气温/℃			旬平均最高气温/℃		
		平均	最高（大/多）	最低（小/少）	平均	最高（大/多）	最低（小/少）	平均	最高（大/多）	最低（小/少）	平均	最高（大/多）	最低（小/少）	平均	最高（大/多）	最低（小/少）
5月	上旬	19.2	25.1	12.8	25.5	114.9	0	57.6	97.7	12.3	14.2	18.7	8.5	25.7	34.2	18.3
	中旬	19.8	24.9	14.5	35.1	158.8	0	54.1	108.0	5.6	15.1	18.9	11.8	26.0	32.8	18.1
	下旬	21.2	25.5	17.8	34.3	196.2	0	57.7	107.9	10.4	16.7	20.8	13.1	27.2	31.9	22.7
6月	上旬	22.6	27.3	18.4	33.4	161.2	0	55.6	104.8	0	18.2	21.8	14.7	28.5	35.0	21.3
	中旬	23.8	28.9	19.3	32.8	139.1	0	55.8	120.5	2.9	19.4	22.7	16.2	29.4	36.9	22.7
	下旬	24.6	29.7	18.8	44.8	216.4	0.8	57.9	100.5	8.0	20.4	24.7	15.4	30.2	38.0	22.5
7月	上旬	25.1	29.5	21.5	62.1	267.0	0	52.1	110.4	1.4	21.5	24.8	17.5	30.2	36.4	25.0
	中旬	25.8	32.4	21.2	56.3	266.1	0	59.1	107.5	0.3	22.0	26.9	18.6	31.0	40.0	24.4
	下旬	26.5	30.5	22.2	47.7	274.7	0	75.6	125.1	24.7	22.6	25.5	19.6	32.1	37.1	26.4
8月	上旬	26.6	30.8	22.4	39.6	185.5	0	67.9	120.1	18.1	22.7	25.9	19.0	32.2	37.5	26.8
	中旬	25.0	30.7	20.6	52.3	282.7	0	56.4	101.9	9.9	21.4	16.4	17.9	30.3	36.8	23.7
	下旬	23.9	30.6	20.1	47.6	256.5	0	58.5	123.4	3.9	20.4	24.6	17.0	29.3	38.5	23.4

续表

		旬平均气温/℃			旬降水量/mm			旬日照时数/h			旬平均最低气温/℃			旬平均最高气温/℃		
		平均	最高（大/多）	最低（小/少）	平均	最高（大/多）	最低（小/少）	平均	最高（大/多）	最低（小/少）	平均	最高（大/多）	最低（小/少）	平均	最高（大/多）	最低（小/少）
9月	上旬	22.4	28.5	18.2	50.6	249.9	0	43.8	96.4	0	19.1	23.9	16.0	27.5	36.6	19.6
	中旬	20.4	26.8	15.7	37.6	177.8	0	40.5	86.5	0	17.2	23.0	13.1	25.5	33.0	17.9
	下旬	18.8	22.7	15.3	39.7	242.5	0	33.9	97.0	0	15.8	19.7	10.9	23.5	28.5	17.2
10月	上旬	17.1	23.1	12.1	31.9	180.5	0	34.9	87.9	0	13.9	18.6	10.0	22.0	29.9	15.2
	中旬	15.3	20.6	11.3	27.7	101.0	0	27.6	74.2	0	12.6	16.5	8.7	19.7	27.1	13.4
	下旬	13.3	17.5	8.7	17.5	100.2	0	38.1	93.1	0	10.1	14.9	4.9	18.4	23.9	14.0
11月	上旬	11.6	15.4	6.6	12.5	67.8	0	37.0	88.8	0	8.2	12.5	3.8	17.0	24.7	11.0
	中旬	8.9	13.1	3.4	10.9	134.6	0	28.1	79.0	0	5.8	10.2	1.2	13.6	20.0	6.2
	下旬	7.4	11.9	4.0	5.4	37.9	0	28.4	77.4	0	4.3	9.9	−0.8	12.1	18.2	6.7
12月	上旬	5.6	9.4	1.7	2.9	27.4	0	28.1	74.9	0	2.4	6.8	−1.9	10.2	17.8	5.9
	中旬	4.1	7.7	0.2	2.7	18.7	0	29.1	80.8	0	0.9	5.0	−4.7	8.9	16.5	3.8
	下旬	3.1	8.1	−2.3	3.3	23.6	0	33.2	96.4	0	−0.2	4.8	−5.7	7.9	15.1	1.3

4.5 陕西柑橘农业气象周年服务重点(汪志辉 等,1970)

1月

重要天气:冻害;

主要节气:小寒、大寒。

区域	主要农时与农事	重点关注气象要素	主要农业气象灾害及其影响特征
陕南	清园消毒、防御冻害	气温≤−8 ℃枝叶受冻,−9～−11 ℃全株死亡	越冬冻害:叶片最先受冻而萎蔫、失绿、干枯或脱落,随后当年生枝自上而下脱水干缩,进而发展到主枝、主干

2月

重要天气:冻害;

主要节气:立春、雨水。

区域	主要农时与农事	重点关注气象要素	主要农业气象灾害及其影响特征
陕南	清园消毒、防御冻害	气温≤−8 ℃枝叶受冻,−9～−11 ℃全株死亡	越冬冻害:叶片最先受冻而萎蔫、失绿、干枯或脱落,随后当年生枝自上而下脱水干缩,进而发展到主枝、主干

3月

重要天气:倒春寒、气温回升;

主要节气:惊蛰、春分。

区域	主要农时与农事	重点关注气象要素	主要农业气象灾害及其影响特征
陕南	下旬进入萌芽期,春季修剪、施肥	日平均气温≥12.8 ℃开始萌动	春季冻害影响芽萌动

4月

重要天气:倒春寒、气温回升;

主要节气:清明、谷雨。

区域	主要农时与农事	重点关注气象要素	主要农业气象灾害及其影响特征
陕南	在花蕾现白时施用复合肥,促进保花保果;或在始花初期叶面喷施,促进花芽分化,保花保果,提高坐果率,增强抗病能力,耐寒耐涝,达到优质高产	日平均气温≥25 ℃、日最高气温≥30 ℃、相对湿度≤70%易发生落花	高温导致落花

5月

重要天气：高温；

主要节气：立夏、小满。

区域	主要农时与农事	重点关注气象要素	主要农业气象灾害及其影响特征
陕南	加强肥水管理、采用植物生长激素来提高柑橘坐果率	日平均气温≥28 ℃、日最高气温≥33 ℃、相对湿度≤70%易发生落果	高温易加重第一次生理落果

6月

重要天气：高温、暴雨；

主要节气：芒种、夏至。

区域	主要农时与农事	重点关注气象要素	主要农业气象灾害及其影响特征
陕南	对结果树抹除夏梢，以减少落果。有利于促进新梢的萌发和培养健壮充实的结果母枝	37～38 ℃时生长受抑制，出现高温热害	高温热害：抑制果树生长，严重时导致落果；暴雨洪涝：易导致果园积水影响根系生长，强降水冲刷果树严重至毁园

7月

重要天气:高温、暴雨;

主要节气:小暑、大暑。

区域	主要农时与农事	重点关注气象要素	主要农业气象灾害及其影响特征
陕南	果实膨大期:关注高温干旱,及时灌水降温	37～38 ℃时生长受抑制,出现高温热害	高温热害:抑制果树生长;暴雨洪涝:易导致果园积水影响根系生长,强降水冲刷果树严重至毁园

8月

重要天气:高温、连阴雨、暴雨;

主要节气:立秋、处暑。

区域	主要农时与农事	重点关注气象要素	主要农业气象灾害及其影响特征
陕南	果实膨大期:关注高温干旱,及时灌水降温;旱灌涝排,预防裂果	37～38 ℃时生长受抑制,出现高温热害	高温热害:抑制果树生长;暴雨洪涝:易导致果园积水影响根系生长,强降水冲刷果树严重至毁园

9月

重要天气：高温、连阴雨、暴雨；

主要节气：白露、秋分。

区域	主要农时与农事	重点关注气象要素	主要农业气象灾害及其影响特征
陕南	预防裂果，注重旱灌涝排；抹除晚秋梢提升果品品质	日较差≥6 ℃适宜着色，连续降水>7 d	连阴雨：易导致裂果，同时影响果实着色

10月

重要天气：连阴雨；

主要节气：寒露、霜降。

区域	主要农时与农事	重点关注气象要素	主要农业气象灾害及其影响特征
陕南	成熟采收期：适时采收，加强田间水肥管理	连续降水>7 d	暴雨洪涝：易导致果园积水影响根系生长，强降水冲刷果树严重至毁园

11月

重要天气：早霜冻；

主要节气：立冬、小雪。

区域	主要农时与农事	重点关注气象要素	主要农业气象灾害及其影响特征
陕南	成熟采收期：适时采收，加强田间水肥管理	连续降水＞7 d	暴雨洪涝：易导致果园积水影响根系生长，强降水冲刷果树严重至毁园

12月

重要天气：大风降温（寒潮）；

主要节气：大雪、冬至。

区域	主要农时与农事	重点关注气象要素	主要农业气象灾害及其影响特征
陕南	休眠期：清园消毒、防御冻害	气温≤－8 ℃枝叶受冻，－9～－11 ℃全株死亡	越冬冻害：叶片最先受冻而萎蔫、失绿、干枯或脱落，随后当年生枝自上而下脱水干缩，进而发展到主枝、主干

第 5 章　红枣气象服务

红枣系喜光树种，整个生育期均需要充足的光照。一般优质红枣要求年日照时数大于 2000 h，从芽膨大到成熟日照时数大于 1450 h，尤其在脆熟到完熟期每天需要日照大于 9 h。

红枣对气温的适应性较强，年平均气温 19 ℃以上和极端最低气温－30 ℃以下的地区均能种植。枣树的生长期需要较高的温度，一般日平均气温 14～16 ℃时开始萌动；日平均气温 17 ℃以上展叶抽梢；日平均气温 20～22 ℃时今日始花期，日平均气温 22～25 ℃时进入盛花期，花粉发芽的最适宜温度为 24～26 ℃，相对湿度 80％左右为宜。

枣树的生态适应范围较广，抗旱、耐涝，在年降水量不足 60 m 及年降水量超过 1500 mm 的地区均能很好的生长和结果。陕西的红枣主要分布陕北黄河沿岸区域（王景红 等，2012），关中地区以鲜食冬枣为主。

5.1 陕西红枣产量与面积、种植基地县

1999—2020 年陕西红枣产量与面积、种植基地县

年份	全省总面积、总产量		主产地产量										
			西安	铜川	宝鸡	咸阳	渭南	延安	汉中	榆林	安康	商洛	杨凌
	面积/hm^2	产量/t	产量/t	产量/t	产量/t	产量/t	产量/t	产量/t	产量/t	产量/t	产量/t	产量/t	产量/t
1999	52354	70732	840	340	54	2140	5408	9543	19	52326	28	32	2
2000	79426	79218	5607	19	39	10447	19140	2468	146	41128	71	147	6
2001	84930	58364	6628	200	55	11647	17892	1940	150	19372	342	132	6
2002	95488	93491	10138	934	39	28188	28674	2987	133	48841	423	159	6
2003	102301	75252	9290	1017	409	12824	28892	1528	179	16901	528	193	6
2004	110692	131213	17295	1181	294	13084	37105	4483	181	56506	809	269	6
2005	117098	188232	23604	1210	272	16714	47715	8295	176	88668	1058	437	33
2006	122816	280928	23569	718	741	29462	57238	10324	656	196061	992	504	33
2007	128872	158738	25892	332	525	26507	63849	4190	891	37530	1007	647	
2008	135161	514530	29968	469	333	29970	77255	31312	803	324247	1304	601	

续表

年份	全省总面积、总产量		主产地产量										
			西安	铜川	宝鸡	咸阳	渭南	延安	汉中	榆林	安康	商洛	杨凌
	面积/hm²	产量/t	产量/t	产量/t	产量/t	产量/t	产量/t	产量/t	产量/t	产量/t	产量/t	产量/t	产量/t
2009	145239	594350	32714	501	11	39827	108738	46179	637	433878	1407	741	
2010	162479	500320	35736	357	15	41306	96605	50859	544	310787	1491	652	
2011	171754	637270	41055	375	16	35156	125690	60203	547	488429	1276	677	
2012	179816	678978	41927	460	5	36490	131942	54916	492	486687	1318	678	
2013	181858	675998	42168	469	3	35427	137266	60150	525	388618	1346	572	
2014	185314	644592	44053	493	1	33544	149915	47334	581	319305	1378	584	
2015	185637	725849	44830	592	1	33917	155350	60801	309	371705	1887	467	
2016	190901	831005	46835	640		32787	221654	76844	352	449332	2059	468	
2017	221969	872281	50016	666		20224	250106	74256	111	508081	2099	449	
2018	214795	979261	8506	58		9930	210408	43349	501	705393	1038	78	
2019	207684	999314	6691	60		10262	218789	33189	426	728635	1169	93	
2020	212651	1099137	7126	63		9417	278454	37385	405	765014	1087	186	

陕西红枣种植基地县

果区	地市	基地县			
陕北红枣果区	榆林	佳县	清涧	绥德	米脂
		吴堡	神木	府谷	
	延安	延川			

5.2 陕西红枣物候历、物候期气象条件与指标

陕北红枣(木枣系)物候历(旬/月)

主产区	芽膨大期	萌芽期	开花始期	盛花期	开花末期	硬核期	白熟期	脆熟期	完熟期	叶变色期	落叶期	冬眠期
榆林、延安	上/3—下/3	上/4—下/4	上/5—中/5	下/5—上/6	中/6—下/6	上/7—上/8	中/8—上/9	中/9—下/9	上/10—中/10	下/10—上/11	中/11—下/11	上/12—次年下/2

陕西红枣(木枣系)各物候期气象条件与指标

物候期	主产区	时段	有利气象条件	不利气象条件	气候背景
芽膨大期	全区	上/3—下/3	平均气温:10～12 ℃	日最高气温 T_g>20 ℃;日最低气温 T_d<0 ℃;低温霜冻	≥5 ℃活动积温:91.1～166.5 ℃·d 平均气温:3.4～6.2 ℃;降水量:11.3～15.0 mm;日照时数:202.6～237.4 h
萌芽期	全区	上/4—下/4	平均气温:15～18 ℃	日最高气温 T_g>30 ℃;日最低气温 T_d<0 ℃;低温霜冻、大风沙尘	≥10 ℃活动积温:269.7～394.5 ℃·d 平均气温:11.6～14.3 ℃;极端最低气温:－6.8～－3.1 ℃;平均最低气温:－3.4～0.1 ℃;平均终霜日:4月8—25日;降水量:17.9～24.2mm;日照时数:226.8～260.2 h
开花始期	全区	上/5—中/5	平均气温:24～26 ℃	日最高气温 T_g≥35 ℃;日最低气温 T_d<5 ℃;日最高气温 T_g、日平均相对湿度 U、日最大风速 F:T_g>36 ℃、U≤40%、F≥5.5 m/s;花期冻害、冰雹、干旱	平均气温:17.1～19.4 ℃;降水量:9.3～11.6 mm;日照时数:78.0～90.9 h

续表

物候期	主产区	时段	有利气象条件	不利气象条件	气候背景
盛花期	全区	下/5—上/6	平均气温:24～26 ℃	日最高气温 T_g≥35 ℃;日最高气温 T_g、日平均相对湿度 U、日最大风速 F:T_g>36 ℃、U≤40%、F≥5.5 m/s;时段平均气温 T_e、时段降水量 P:T_e>26 ℃或 T_e<22 ℃、P<45 mm或 P>60 mm;冰雹、高温、干旱	平均气温:20.5～22.8 ℃;极端最高气温:29.2～38.8 ℃;平均最高气温:32.3～34.5 ℃;降水量:26.6～32.0 mm;日照时数:172.2～205.4 h
开花末期	全区	中/6—下/6	平均气温:24～26 ℃	日最高气温 T_g≥35 ℃;日最高气温 T_g、日平均相对湿度 U、日最大风速 F:T_g>36 ℃、U≤40%、F≥5.5 m/s;冰雹、高温、干旱	平均气温:22.8～24.9 ℃;极端最高气温:30.1～42.8 ℃;平均最高气温:34.0～36.0 ℃;降水量:33.6～43.5 mm;日照时数:153.2～183.7 h
硬核期	全区	上/7—上/8	平均气温:24～25 ℃	日最高气温 T_g≥35 ℃;降水量:P≤95 mm;冰雹、干旱、高温	平均气温:23.9～26.0 ℃;极端最高气温:30.6～41.5 ℃;平均最高气温:33.9～36.2 ℃;降水量:107.4～147.0 mm;日照时数:298.6～354.1 h
白熟期	全区	中/8—上/9	平均气温:24～25 ℃	日最高气温 T_g≥35 ℃;降水量:P≤70 mm;干旱、高温、冰雹、连阴雨	平均气温:20.2～22.4 ℃;降水量:79.8～97.7 mm;日照时数:198.8～242.6 h

续表

物候期	主产区	时段	有利气象条件	不利气象条件	气候背景
脆熟期	全区	中/9—下/9	平均气温:20～22 ℃	日最低气温:T_d<5 ℃;降水量 P、降水持续天数 R:P>45 mm 或 R≥3 d;低温、连阴雨	平均气温:15.3～17.6 ℃;降水量:30.8～51.9 mm;日照时数:117.0～151.7 h
完熟期	全区	上/10—中/10	平均气温:20～22 ℃	日最低气温:T_d<5 ℃;降水量 P、降水持续天数 R:P>45 mm 或 R≥3 d;低温、早霜冻、连阴雨	平均气温:10.8～13.1 ℃;极端最低气温:−6.2～−7.4 ℃;平均最低气温:0.5～4.1 ℃;平均初霜日:10月4—20日;降水量:16.0～27.6 mm;日照时数:109.4～144.8 h
叶变色期	全区	下/10—上/11	平均气温:13～15 ℃	日最低气温:T_d<0 ℃;早霜冻、低温冻害	平均气温:5.3～7.8 ℃;极端最低气温:−11.7～−10.0 ℃;平均最低气温:−4.9～−1.4 ℃;降水量:8.8～13.0 mm;日照时数:132.5～157.4 h
落叶期	全区	中/11—下/11	平均气温:10～12 ℃	日最低气温:T_d<−10 ℃;低温冻害	平均气温:−0.7～1.6 ℃;极端最低气温:−21.3～−0.6 ℃;平均最低气温:−10.2～−6.5 ℃;降水量:2.6～6.0 mm;日照时数:114.0～137.4 h
冬眠期	全区	上/12—次年下/2	平均气温:−6～2 ℃	日最高气温 T_g>8 ℃;日最低气温:T_d<−18 ℃;低温冻害	平均气温:−6.0～−3.3 ℃;极端最低气温:−29.0～−13.0 ℃;平均最低气温:−16.7～−12.0 ℃;降水量:8.3～13.2 mm;日照时数:517.9～616.3 h

5.3 陕西红枣主要气象灾害

本区红枣主要气象灾害有脆熟—采收期连阴雨、花期低温阴雨、花期高温干旱、花期干热风、幼果期干旱等，大部分灾害均与降雨有关，特定时段雨量或雨日的多寡均对枣树生长以及后期产量品质形成有重要影响。研究表明本区红枣生长的主要气象灾害中，幼果期干旱和脆熟—采收期连阴雨灾害危害最重。红枣脆熟—采收期的连阴雨天气或阴雨相间天气会造成红枣裂果霉烂，严重影响红枣的产量、质量和枣农收入。陕西黄河沿岸每年红枣的盛果生长旺季，即 9 月上旬到 10 月中旬，均易出现连阴雨(温克刚 等，2005)。

陕西红枣产区主要气象灾害

主要类型	出现时间	影响对象	指标	症状	典型年
花期高温干旱	5 月下旬—6 月下旬	红枣	以降水量 P、平均气温 T_e 为评价因子：轻度：$26<T_e\leqslant28$ ℃，$35\leqslant P<45$ mm；中度：$28<Te\leqslant30$ ℃，$30\leqslant P<35$ mm；重度：$T_e>30$ ℃，$P<30$ mm	轻度：枣花营养水分不足，落花量大；中度：焦花、落花严重，花粉活力降低；重度：枣叶干而黄，枣花大量干枯脱落	1991、1997、2005
花期干热风	5 月下旬—6 月下旬	红枣	以日最高气温 T_G、日最大风速 F、日平均相对湿度 U 为评价因子：轻度：$T_G>36$ ℃，$F\geqslant5.5$ m/s，$40\%<U\leqslant50\%$；中度：$T_G>36$ ℃，$F\geqslant5.5$ m/s，$25\%<U\leqslant40\%$；重度：$T_G>36$ ℃，$F\geqslant5.5$ m/s，$U\leqslant25\%$	由于空气湿度小、风速大，柱头很快被吹干，花粉落到柱头上即被吹走，使得枣树授粉受到很大影响，坐果率显著下降	1971、1995、2000

续表

主要类型	出现时间	影响对象	指标	症状	典型年
花期低温阴雨	5月下旬—6月下旬	红枣	以降水量 P、平均气温 T_e 为评价因子：轻度：$20 \leqslant T_e < 22$ ℃，$60 < P \leqslant 70$ mm；中度：$18 \leqslant T_e < 20$ ℃，$70 < P \leqslant 75$ mm；重度：$T_e < 18$ ℃，$P > 75$ mm	轻度：坐果率偏低；中度：落花严重，坐果率显著偏低；重度：部分枣花霉烂掉落，坐果率显著偏低	1983、1988、2002、2003
幼果期干旱	7月上旬—9月上旬	红枣	以降水量 P 为评价因子：轻度：$300 < P \leqslant 400$ mm；中度：$200 \leqslant P \leqslant 300$ mm；重度：$P < 200$ mm	轻度：幼果生长不良或停止生长；中度：缩果、落果现象明显，枣叶发黄；重度：枣树落叶，幼果缩果、落果严重	1991、1997、2005
脆熟—采收期连阴雨	9月中旬—10月上旬	红枣	以降水量 P、降水持续天数 R 为评价因子：轻度：$45 < P \leqslant 65$ mm 或 $3 \leqslant R \leqslant 5$ d；中度：$65 < P \leqslant 80$ mm 或 $6 \leqslant R \leqslant 8$ d；重度：$P > 80$ mm 或 $R \geqslant 9$ d	轻度：裂果率达到30%，大部分枣面裂纹细小而短，降水结束后在太阳光的照射下，裂纹变干，红枣停止霉烂，可恢复产量，但品质降低；中度：裂果率达到50%，部分枣面裂纹不止一条，红枣越接近成熟裂纹越深越多，失去商品价值，产量损失达到30%～50%；重度：裂果率达到80%以上，绝大部分红枣裂纹附近果胶已经遭到细菌破坏，开始霉烂变质，产量损失80%以上	1973、2001、2007

5.4 陕西红枣农业气候资源

本区年平均气温 7.3～12.9 ℃，年降水量 204.2～678.4 mm，≥10 ℃积温 3080～4476 ℃，无霜期 109～219 d，1 月平均气温－14.5～－2.0 ℃，7 月平均气温 22.1～27.9 ℃。该区降水适中，气温适宜，光照充足，有利于制干红枣产量和品质的形成，是陕西制干红枣的主要生产基地，适宜规模种植。

陕西红枣产区稳定通过界限温度积温及无霜期

初终日、积温、日数		稳定通过界限温度					无霜期
		0 ℃	5 ℃	10 ℃	15 ℃	20 ℃	
积温/(℃·d)	平均	4165	4024	3652	3015	1916	
	最大	5021	4810	4476	4075	3168	
	最小	3586	3501	3080	2272	675	
初日(日/月)	平均	3/4	3/23	4/13	5/7	6/7	10/11
	最早	2/1	3/4	3/26	4/15	5/5	9/3
	最晚	3/27	4/15	5/3	5/26	7/27	11/4

续表

初终日、积温、日数		稳定通过界限温度					无霜期
		0 ℃	5 ℃	10 ℃	15 ℃	20 ℃	
终日(日/月)	平均	11/17	10/31	10/11	9/20	8/25	4/19
	最早	10/30	10/7	9/22	9/1	7/24	3/24
	最晚	12/11	11/18	11/2	10/21	9/22	5/17
持续日数/d	平均	260	223	182	137	80	174
	最长	301	252	217	182	130	219
	最短	218	193	152	109	28	109

陕西红枣产区气象要素年值

年气温/℃			年降水量/mm			年日照/h			年平均最低气温/℃		
平均	最高	最低	平均	最大	最小	平均	最多	最少	平均	最高	最低
10.1	12.9	7.3	429.7	678.4	204.2	2650.8	3344.9	2045.9	4.4	5.6	3.0
年平均最高气温/℃			年平均风速/(m/s)			年大风日数/d					
平均	最高	最低	平均	最大	最小	平均	最多	最少			
17.1	18.6	15.6	1.6	2.8	0.8	14	53	0			
年极端最低气温/℃			年极端最高气温/℃			年最大积雪深度/cm					
平均	最高(出现的时间、地点)	最低(出现的时间、地点)	平均	最大(出现的时间、地点)	最小(出现的时间、地点)	平均	最大(出现的时间、地点)	最小(出现的时间、地点)			
-19.76	-13.3 2007年 (吴堡)	-29 1998年 (神木)	37.036	42.8 2005年 (吴堡)	33.5 1989年 (米脂)	7.0	31.0 (绥德1987年12月)	0			

陕北红枣产区气象要素季值

气象要素	春季			夏季			秋季			冬季		
	平均	最高	最低	平均	最高	最低	平均	最高	最低	平均	最高	最低
平均气温/℃	12.0	15.0	9.1	23.4	26.9	21.3	9.8	13.4	6.7	−4.8	−1.8	−9.9
降水/mm	68.8	208.6	4.9	247.9	505.9	82.9	102.3	283.4	18.9	10.8	36.4	0
日照时数/h	731.7	940.6	501.8	739.0	988.2	503.7	610.1	800.9	462.8	569.6	754.9	407.6
平均最低气温/℃	5.3	7.1	3.6	17.7	19.3	16.0	4.6	6.2	2.7	−10.0	−7.8	−12.7
平均最高气温/℃	19.3	21.2	17.0	29.9	32.1	28.0	16.8	20.1	14.4	2.3	4.5	−1.5
极端最低气温/℃	−9.8	−2.9	−17.2	10.4	16.4	4.4	−10.2	−2.1	−21.3	−19.5	−13.1	−29.0
极端最低气温出现日期		2003/03/07（吴堡）	1988/03/02（神木）		1994/06/05（吴堡）	1987/06/06（府谷）		1994/10/29（吴堡）	1993/11/21（清涧）		1991/01/04（吴堡）	1998/01/19（神木）

续表

气象要素	春季			夏季			秋季			冬季		
	平均	最高	最低	平均	最高	最低	平均	最高	最低	平均	最高	最低
极端最高气温/℃	33.6	38.5	29.1	37.0	42.8	33.5	30.6	39.2	25.5	13.4	21.4	6.0
极端最高气温出现日期		2006/04/30（吴堡）	2009/05/07（清涧）		2005/06/22（吴堡）	1989/06/02（米脂）		1998/09/07（吴堡）	1982/10/03（绥德）		1996/02/13（吴堡）	1984/02/19（府谷）
平均风速/(m/s)	2.2	3.6	1.0	1.8	2.9	0.7	1.4	2.6	0.5	1.4	2.5	0.3
大风日数/d	7.1	37.0	0	4.5	16.0	0	1.6	8.0	0	1.2	11.0	0

陕西红枣产区气象要素月值

月份		月平均气温/℃	月降水量/mm	月日照时数/h	月平均最低气温/℃	月平均最高气温/℃	月极端最低气温及出现时间、地点	月极端最高气温及出现时间、地点	月平均风速/(m/s)	月大风日数/d
1月	平均	−7.1	3.4	195.1	−12.4	0.1	−19.0	6.7	1.6	0.3
	最高	−2.0	20.0	261.1	−8.4	4.6	−11.1 2002/01/29(吴堡)	14.1 2002/01/11(清涧)	3.7	6.0
	最低	−14.5	0	86.3	−16.4	−4.9	−29.0 1998/01/19(神木)	1.9 2005/01/27(府谷)	0.1	0
2月	平均	−2.2	4.5	185.5	−7.6	5.1	−15.7	13.2	1.8	0.5
	最高	2.2	19.9	263.4	−4.1	10.1	−9.7 2002/02/02(吴堡)	21.4 1996/02/13(吴堡)	4.5	6.0
	最低	−8.2	0	108.3	−12.1	0.4	−23.1 1984/02/02(神木)	6.0 1984/02/19(府谷)	0.5	0
3月	平均	4.6	13.5	219.2	−1.4	11.8	−9.8	21.9	2.1	1.6
	最高	9.0	72.6	319.8	1.3	15.0	−2.9 2003/03/07(吴堡)	31.0 2003/03/30(吴堡)	4.2	11.0
	最低	−0.1	0	128.8	−4.0	7.0	−17.2 1988/03/02(神木)	14.9 1988/03/11(清涧)	0.7	0

续表

月份		月平均气温/℃	月降水量/mm	月日照时数/h	月平均最低气温/℃	月平均最高气温/℃	月极端最低气温及出现时间、地点	月极端最高气温及出现时间、地点	月平均风速/(m/s)	月大风日数/d
4月	平均	12.6	21.2	243.4	5.7	20.2	−2.0	29.3	2.2	2.8
	最高	18.1	99.9	334.7	10.0	24.5	3.9 1989/04/09(吴堡)	38.5 2006/04/30(吴堡)	5.0	14.0
	最低	8.2	0	171.1	2.7	16.3	−6.8 1993/04/10(神木)	23.1 2010/04/18(神木)	0.5	0
5月	平均	18.8	34.2	269.1	11.7	26.0	4.6	33.4	2.0	2.8
	最高	22.9	130.7	373.6	13.3	28.7	10.7 1997/05/08(吴堡)	38.4 1981/05/07(吴堡)	4.7	13.0
	最低	16.1	0	167.3	10.0	23.5	−1.9 1991/05/01(神木)	29.1 2009/05/07(清涧)	0.4	0
6月	平均	23.0	54.5	260.0	16.4	29.9	10.5	35.8	1.9	2.2
	最高	26.8	166.6	363.1	18.4	33.0	16.4 1994/06/05(吴堡)	42.8 2005/06/22(吴堡)	3.8	10.0
	最低	20.2	2.1	159.6	15.0	27.5	4.4 1987/06/06(府谷)	32.5 1986/06/03(清涧)	0.3	0

续表

月份		月平均气温/℃	月降水量/mm	月日照时数/h	月平均最低气温/℃	月平均最高气温/℃	月极端最低气温及出现时间、地点	月极端最高气温及出现时间、地点	月平均风速/(m/s)	月大风日数/d
7月	平均	24.7	93.1	248.2	19.1	31.1	14.8	36.4	1.8	1.5
	最高	27.9	313.3	339.2	21.1	33.7	18.4 1994/07/17(吴堡) 1998/07/27(延川)	41.5 2010/07/30(吴堡)	3.9	8.0
	最低	22.1	14.9	126.5	17.0	28.1	9.6 1989/07/27(神木)	30.6 1988/07/23(绥德)	0.2	0
8月	平均	22.5	100.2	230.8	17.6	28.8	12.5	34.4	1.7	0.9
	最高	26.8	281.1	327.7	19.4	32.4	16.9 1994/08/28(吴堡)	40.0 1999/08/17(吴堡)	4.0	6.0
	最低	20.1	2.6	131.1	15.3	26.3	6.5 1988/08/24(米脂)	29.9 1982/08/06(神木)	0.2	0
9月	平均	17.2	64.7	206.2	12.0	23.9	5.3	30.6	1.5	0.6
	最高	21.7	216.2	287.3	14.7	27.9	12.7 2005/09/17(吴堡)	39.2 1998/09/07(吴堡)	3.8	6.0
	最低	13.7	2.2	103.5	9.6	19.6	−2.7 1982/09/27(米脂)	25.4 1982/09/12(绥德)	0.2	0

续表

月份		月平均气温/℃	月降水量/mm	月日照时数/h	月平均最低气温/℃	月平均最高气温/℃	月极端最低气温及出现时间、地点	月极端最高气温及出现时间、地点	月平均风速/(m/s)	月大风日数/d
10月	平均	10.2	27.1	206.4	5.0	17.5	−2.4	24.4	1.6	0.5
	最高	14.7	143.3	314.0	8.0	20.9	3.9 2001/10/29(吴堡)	30.8 1987/10/07(吴堡)	3.9	4.0
	最低	6.4	0	105.4	2.1	14.3	−9.5 1986/10/29(米脂)	20.0 2007/10/22(府谷)	0.4	0
11月	平均	1.9	10.5	197.5	−3.2	9.1	−10.2	18.0	1.7	0.5
	最高	5.7	59.3	268.1	0.8	13.7	−0.6 1994/11/15(吴堡)	23.5 2009/11/07(延川)	3.9	4.0
	最低	−2.5	0	74.8	−5.8	5.4	−21.3 1993/11/21(清涧)	9.8 1981/11/12(府谷)	0.4	0
12月	平均	−5.1	2.9	189.4	−9.9	1.7	−17.0	8.8	1.6	0.4
	最高	−0.7	22.2	258.6	−6.8	5.5	−9.1 1989/12/30(吴堡)	16.6 2010/12/01(延川)	4.2	5.0
	最低	−10.3	0	125.9	−13.4	−3.2	−26.7 2002/12/26(神木)	2.4 2001/12/01(府谷)	0	0

陕西红枣产区气象要素旬值

		旬平均气温/℃			旬降水量/mm			旬日照时数/h			旬平均最低气温/℃			旬平均最高气温/℃		
		平均	最高	最低	平均	最高	最低	平均	最高	最低	平均	最高	最低	平均	最高	最低
1月	上旬	−6.9	−0.5	−15.9	1.1	17.8	0	59.9	81.7	12.4	−12.2	−4.5	−19.4	0.1	5.7	−7.0
	中旬	−7.2	0.1	−18.8	1.3	16.3	0	62.7	85.3	7.7	−12.6	−5.1	−20.4	−0.2	5.3	−9.1
	下旬	−6.9	−0.5	−15.2	0.9	11.0	0	72.5	99.6	30.4	−12.4	−7.5	−18.5	0.2	7.5	−8.5
2月	上旬	−4.5	2.3	−13.0	1.1	10.1	0	68.6	93.9	33.1	−10.3	−3.2	−17.6	2.9	8.7	−4.8
	中旬	−1.6	3.9	−8.2	2.2	14.6	0	63.3	98.8	20.5	−7.1	−1.3	−12.7	5.4	12.7	−0.2
	下旬	0	6.1	−6.9	1.3	10.2	0	53.7	85.0	14.4	−5.4	0.3	−11.9	6.9	14.3	0.4
3月	上旬	1.6	7.2	−6.9	2.5	24.9	0	72.9	104.2	30.8	−4.4	0.7	−11.2	9.1	14.9	2.4
	中旬	4.8	10.0	−1.0	4.7	27.9	0	65.7	103.7	21.9	−0.9	4.0	−4.9	12.0	17.2	7.7
	下旬	7.0	12.7	1.7	6.3	67.4	0	80.5	119.8	24.0	1.0	4.4	−2.7	14.3	19.5	8.7
4月	上旬	10.5	16.0	4.5	5.8	49.5	0	79.7	114.7	38.7	3.9	7.8	−0.9	18.1	23.0	12.5
	中旬	12.4	18.7	7.5	7.6	47.8	0	80.4	117.3	44.1	5.5	10.2	2.5	20.1	26.5	14.4
	下旬	14.7	21.2	7.5	7.7	97.5	0	83.4	120.5	31.9	7.7	13.7	3.0	22.3	27.8	16.1

续表

		旬平均气温/℃			旬降水量/mm			旬日照时数/h			旬平均最低气温/℃			旬平均最高气温/℃		
		平均	最高	最低	平均	最高	最低	平均	最高	最低	平均	最高	最低	平均	最高	最低
5月	上旬	17.4	21.9	11.4	9.1	60.5	0	84.3	119.9	38.2	10.4	14.4	5.3	24.9	28.5	18.5
	中旬	18.2	23.2	13.2	11.4	55.3	0	85.6	123.5	36.7	11.4	13.8	8.2	25.3	29.8	20.5
	下旬	20.5	27.4	16.1	13.7	121.6	0	99.1	145.0	32.7	13.4	17.5	10.1	27.9	32.7	23.3
6月	上旬	22.0	26.2	18.2	15.3	143.0	0	90.4	126.0	42.8	15.1	18.1	12.7	29.2	33.0	25.5
	中旬	23.0	27.9	18.8	19.4	117.7	0	84.1	129.5	21.6	16.4	18.7	14.3	29.9	34.9	25.5
	下旬	23.8	29.0	20.4	19.8	74.7	0	85.7	126.8	38.3	17.6	20.4	15.2	30.6	34.7	25.8
7月	上旬	24.3	28.8	19.8	31.9	159.1	0	80.6	119.8	18.0	18.5	21.4	16.0	31.0	34.7	25.6
	中旬	24.7	29.5	21.0	27.7	121.5	0	80.6	123.7	28.2	19.2	22.5	16.3	31.1	35.6	27.2
	下旬	24.9	29.9	21.0	33.6	187.2	0	87.0	134.2	43.0	19.7	23.0	16.5	31.1	35.3	26.6
8月	上旬	24.2	28.1	20.7	33.9	209.7	0	79.8	116.8	27.0	19.1	21.6	15.6	30.3	33.3	27.0
	中旬	22.4	27.1	18.5	29.3	177.5	0	72.9	117.6	29.0	17.5	21.0	15.4	28.5	32.8	24.5
	下旬	21.0	28.7	17.1	37.0	159.8	0	78.2	129.8	15.1	16.0	19.8	13.1	27.5	34.0	24.0

续表

		旬平均气温/℃			旬降水量/mm			旬日照时数/h			旬平均最低气温/℃			旬平均最高气温/℃		
		平均	最高	最低	平均	最高	最低	平均	最高	最低	平均	最高	最低	平均	最高	最低
9月	上旬	19.2	26.0	15.9	23.5	133.8	0	70.9	116.0	2.6	14.1	18.7	11.6	25.8	33.7	20.5
	中旬	17.3	23.2	12.4	19.7	100.6	0	70.9	107.4	9.2	12.1	17.6	8.8	24.1	28.4	16.5
	下旬	14.9	19.7	11.0	21.5	105.2	0	64.7	108.2	9.2	9.8	13.3	5.6	21.7	26.3	17.1
10月	上旬	12.8	20.9	7.9	11.7	132.7	0	65.8	105.5	0.3	7.4	11.9	3.4	19.9	27.6	13.8
	中旬	10.4	16.2	6.1	10.1	50.0	0	62.6	103.8	10.0	5.4	9.3	2.3	17.3	23.3	11.6
	下旬	7.6	13.2	2.4	5.3	46.0	0	78.0	110.8	32.8	2.1	7.0	−2.0	15.1	19.9	11.3
11月	上旬	5.0	9.4	−1.0	6.0	39.0	0	69.5	95.5	26.1	−0.6	3.1	−3.8	12.8	17.7	6.3
	中旬	1.5	6.7	−6.4	3.1	32.0	0	64.3	91.5	16.5	−3.3	1.2	−8.4	8.4	14.6	−1.3
	下旬	−0.8	3.7	−8.7	1.4	19.5	0	63.7	87.6	4.9	−5.8	0	−12.1	6.0	10.8	−1.5
12月	上旬	−3.3	1.3	−8.8	1.0	9.2	0	61.5	86.1	28.9	−8.2	−3.7	−12.4	3.3	8.5	−0.9
	中旬	−5.2	−0.4	−11.4	0.8	14.0	0	62.8	87.3	23.1	−10.2	−5.8	−14.8	1.6	7.4	−3.6
	下旬	−6.4	−1.1	−16.9	1.1	15.4	0	65.1	92.9	14.9	−11.4	−6.3	−19.1	0.4	7.3	−8.6

5.5 陕西红枣农业气象周年服务重点

1月、2月、3月、4月

重要天气：1月，大风降温（寒潮）；2月，大风降温（寒潮）；3月，倒春寒、气温回升；4月，倒春寒、气温回升；
主要节气：小寒、大寒、立春、雨水、惊蛰、春分、清明、谷雨。

<table>
<tr><th>时间</th><th>旬</th><th>区域</th><th>物候</th><th>主要农时与农事</th><th>重点关注气象要素</th><th>主要农业气象灾害及其影响特征</th></tr>
<tr><td>1月</td><td>全旬</td><td>全区</td><td rowspan="2">休眠期</td><td rowspan="2">低温冻害防御。细致清园，在树冠下或全园覆盖杂草、绿肥或农作物碎秸秆等，一般覆盖物厚度为20～25 cm。覆盖后可抑制杂草生长，减少水分蒸发，防治水土流失，并增加土壤有机质含量。合理进行冬剪</td><td rowspan="2">日最高气温 $T_g>8$ ℃；日最低气温 $T_d<-18$ ℃；低温冻害</td><td rowspan="2">越冬期低温冻害：枣树枝条冻死；主干皮层冻裂，与土壤接触面部分形成层变成褐色，最后主干皮层纵向爆裂或卷起。越冬期低温冻害严重危害枣树的生长，枣树的生命力和树势下降，容易发生腐烂病、裂皮病和流胶病等，严重时可导致枣树死亡</td></tr>
<tr><td>2月</td><td>全旬</td><td>全区</td></tr>
</table>

续表

时间	旬	区域	物候	主要农时与农事	重点关注气象要素	主要农业气象灾害及其影响特征
3月	全旬	全区	芽膨大期	及时耕翻，提高吸收能力。在枣树萌芽前，追施速效氮肥，适当配合施入磷肥能使萌芽整齐，促进枝叶生长，有利于花芽分化，特别是对树势弱或基肥不足的枣园。积极防治枣园病虫害	日最高气温 $T_g>20$ ℃；日最低气温 $T_d<0$ ℃；低温霜冻	低温霜冻：枣树枝条受冻萎蔫，低温霜冻影响枣树树势，影响枣树正常生长
4月	全旬	全区	萌芽期	防御花期冻害。及时进行中耕除草，通过中耕，还可以保墒。喷施尿素或水溶性复合肥料，以保证枣树的花芽分化。针对枣园的缺素情况，采取根外追肥可及时补充铁、锰等微量元素，纠正缺素症。积极防治枣园病虫害	日最高气温 $T_g>30$ ℃；日最低气温 $T_d<0$ ℃；低温霜冻、大风沙尘	低温霜冻：枣树枝条受冻萎蔫，枣芽受冻发黑，影响枣树树势，影响枣树正常生长。大风沙尘：影响枣树正常生长，造成枣树枝条折断，新芽被吹落

5月、6月

重要天气：5月，阴雨低温、干旱、大风；6月，高温、干旱、冰雹；

主要节气：立夏、小满、芒种、夏至。

时间	旬	区域	物候	主要农时与农事	重点关注气象要素	主要农业气象灾害及其影响特征
5月	上 中旬	全区	开花 始期	防御花期冻害。5月初开始，每隔15～20 d，于叶面喷施尿素和磷酸二氢钾以及微量元素，以弥补土壤施肥的不足。积极防治枣园病虫害	日最高气温 $T_g \geqslant 35$ ℃；日最低气温 $T_d < 5$ ℃；日最高气温 T_g、日平均相对湿度 U、日最大风速 F：$T_g > 36$ ℃、$U \leqslant 40\%$、$F \geqslant 5.5$ m/s；花期冻害、冰雹、干旱	花期高温干旱：枣花营养水分不足，落花加大；较重时焦花、落花严重，花粉活力降低；严重时枣叶干而黄，枣花大量干枯脱落。花期高温干旱严重影响坐果，造成减产； 花期干热风：由于空气湿度小、风速大，柱头很快被吹干，花粉落到柱头上即被吹走，使得枣树授粉受到很大影响，坐果率下降，造成产量损失； 花期低温阴雨：枣花坐果率偏低；较重时落花严重，坐果率明显偏低；严重时造成部分枣花霉烂掉落，坐果率显著偏低； 花期冻害：枣花受冻萎蔫；较重时柱头受冻发黑，坐果率下降； 冰雹：冰雹直径偏小，持续时间短危害有限；冰雹直径偏大，持续时间长造成枣花受损脱落，枝条折断，树干出现砸痕、破损伤口，影响树势和产量

续表

<table>
<tr><th>时间</th><th>旬</th><th>区域</th><th>物候</th><th>主要农时与农事</th><th>重点关注气象要素</th><th>主要农业气象灾害及其影响特征</th></tr>
<tr><td>5月</td><td>下旬</td><td>全区</td><td rowspan="2">盛花期</td><td rowspan="2">重视人工防雹。及时灌溉，蓄水保墒。在枣树盛花期进行枣园花期放蜂，可提高异花授粉率，提高坐果率1～3倍，增产效果明显。花期风多、干旱，可进行花期喷水提高坐果率，一般以傍晚喷水较好</td><td rowspan="2">日最高气温 $T_g \geqslant 35$ ℃；日最高气温 T_g、日平均相对湿度 U、日最大风速 F：$T_g > 36$ ℃、$U \leqslant 40\%$、$F \geqslant 5.5$ m/s；时段平均气温 T_e、时段降水量 P：$T_e > 26$ ℃ 或 $T_e < 22$ ℃、$P < 45$ mm 或 $P > 60$ mm；冰雹、高温、干旱</td><td rowspan="2">花期高温干旱：枣花营养水分不足，落花加大；较重时焦花、落花严重，花粉活力降低；严重时枣叶干而黄，枣花大量干枯脱落。花期高温干旱严重影响坐果，造成减产；
花期干热风：由于空气湿度小、风速大，柱头很快被吹干，花粉落到柱头上即被吹走，使得枣树授粉受到很大影响，坐果率下降，造成产量损失；
花期低温阴雨：枣花坐果率偏低；较重时落花严重，坐果率明显偏低；严重时造成部分枣花霉烂掉落，坐果率显著偏低；
冰雹：冰雹直径偏小，持续时间短危害有限；冰雹直径偏大，持续时间长造成枣花受损脱落，枝条折断，树干出现砸痕、破损伤口，影响树势和产量</td></tr>
<tr><td>6月</td><td>上旬</td><td>全区</td></tr>
</table>

续表

时间	旬	区域	物候	主要农时与农事	重点关注气象要素	主要农业气象灾害及其影响特征
6月	中下旬	全区	开花末期	积极开展人工防雹。及时灌溉，蓄水保墒。花期风多、干旱，可进行花期喷水提高坐果率，一般以傍晚喷水较好	日最高气温 $T_g \geq 35$ ℃；日最高气温 T_g、日平均相对湿度 U、日最大风速 F：$T_g > 36$ ℃、$U \leq 40\%$、$F \geq 5.5$ m/s；冰雹、高温、干旱	花期高温干旱：枣花营养水分不足，落花加大；较重时焦花、落花严重，花粉活力降低；严重时枣叶干而黄，枣花大量干枯脱落。花期高温干旱严重影响坐果，造成减产； 花期干热风：由于空气湿度小、风速大，柱头很快被吹干，花粉落到柱头上即被吹走，使得枣树授粉受到很大影响，坐果率下降，造成产量损失； 花期低温阴雨：枣花坐果率偏低；较重时落花严重，坐果率明显偏低；严重时造成部分枣花霉烂掉落，坐果率显著偏低； 冰雹：冰雹直径偏小，持续时间短危害有限；冰雹直径偏大，持续时间长造成枣花受损脱落，枝条折断，树干出现砸痕、破损伤口，影响树势和产量

7月、8月、9月

重要天气：7月，高温、干旱、冰雹、大风、连阴雨、暴雨；8月，高温、干旱、冰雹、大风、连阴雨、暴雨；9月，大风、连阴雨；

主要节气：小暑、大暑、立秋、处暑、白露、秋分。

时间	旬	区域	物候	主要农时与农事	重点关注气象要素	主要农业气象灾害及其影响特征
7月	全旬	全区	硬核期	开展人工防雹。及时灌溉，蓄水保墒。防御高温热害，雨后及时中耕除草，最好将除掉的绿草覆盖到树盘内，或翻压入土。7月上旬及时追肥，同时增施磷肥、钾肥，以促进幼果生长，防治因营养不足而导致的落果。搞好夏修夏剪，疏除无用的枣头、萌蘖及根蘖，减少养分消耗，改善通风透光条件。开展枣园病虫防治	日最高气温 $T_g \geqslant 35$ ℃；降水量 $P \leqslant 95$ mm；冰雹、干旱、高温	干旱：枣树幼果生长缓慢；较重时枣叶卷曲、边缘枯黄，落果加剧；严重时枣叶大面积枯黄脱落，落果严重，枣树甚至死亡。干旱造成枣树生长受阻，产量显著下降，严重时甚至造成枣树死亡； 冰雹：冰雹直径偏小，持续时间短危害有限；冰雹直径偏大，持续时间长造成枣花受损脱落，枝条折断，树干出现砸痕、破损伤口，影响树势和产量
8月	上旬	全区				

续表

时间	旬	区域	物候	主要农时与农事	重点关注气象要素	主要农业气象灾害及其影响特征
8月	中下旬	全区	白熟期	防御高温热害，抗旱保果。重视人工防雹。及时中耕除草并清除无用根蘖，以减少对水分、养分的消耗。立秋前后刨翻树盘，切断表层根系可刺激萌生新根，促使根系向下发展，增强树体的抗旱能力，同时可疏松土壤，促进根系对水分和养分的吸收。及时追施氮、磷、钾肥，以促进果实膨大和糖分积累，从而提高枣果的品质。后期注意排水防涝，防治病虫害	日最高气温 $T_g \geqslant 35$ ℃；降水量 $P \leqslant 70$ mm； 干旱、高温、冰雹、连阴雨	干旱：枣树幼果生长缓慢；较重时枣叶卷曲、边缘枯黄，落果加剧；严重时枣叶大面积枯黄脱落，落果严重，枣树甚至死亡。干旱造成枣树生长受阻，产量显著下降，严重时甚至造成枣树死亡； 冰雹：冰雹直径偏小，持续时间短危害有限；冰雹直径偏大，持续时间长造成枣花受损脱落，枝条折断，树干出现砸痕、破损伤口，影响树势和产量； 连阴雨：轻度造成部分枣果裂果，产量影响有限，但品质降低；较重时红枣裂果率明显上升，裂果失去商品价值，产量损失明显；严重时红枣裂果率达到80%以上，绝大部分红枣开始霉烂变质，产量损失严重
9月	上旬	全区				
	中下旬	全区	脆熟期	防御连阴雨灾害，预防裂果、落果，适时采收。及早施基肥。幼树可采用环状沟施法或条状沟施法，施肥深度30～50 cm。成龄大树可采用放射状沟施法或条状沟施法，施肥深度亦为30～51 cm	日最低气温 $T_d < 5$ ℃；降水量 P、降水持续天数 R：$P > 45$ mm 或 $R \geqslant 3$ d；低温、连阴雨	连阴雨：造成部分枣果裂果率，产量影响有限，但品质降低；较重时红枣裂果率明显上升，裂果失去商品价值，产量损失明显；较重时红枣裂果率达到80%以上，绝大部分红枣开始霉烂变质，产量损失严重

10 月、11 月、12 月

重要天气:10 月,早霜冻、连阴雨;11 月,早霜冻;12 月,大风降温(寒潮);
主要节气:寒露、霜降、立冬、小雪、大雪、冬至。

时间	旬	区域	物候	主要农时与农事	重点关注气象要素	主要农业气象灾害及其影响特征
10 月	上中旬	全区	晚熟期	防御连阴雨灾害,预防裂果、落果。预防早霜冻。成熟期较晚的品种,应继续采收。上月未施基肥的应继续施基肥	日最低气温 $T_d<5$ ℃;降水量 P、降水持续天数 R:$P>45$ mm 或 $R\geqslant3$ d;低温、早霜冻、连阴雨	连阴雨:造成部分枣果裂果率,产量影响有限,但品质降低;较重时红枣裂果率明显上升,裂果失去商品价值,产量损失明显;严重时裂果率达到 80%以上,绝大部分枣开始霉烂变质,产量损失严重
	下旬	全区	叶变色期	预防早霜冻。未施基肥的应继续施基肥。彻底清园,消灭越冬病虫	日最低气温 $T_d<0$ ℃;早霜冻、低温冻害	早霜冻:由于秋梢生长过旺,导致枝条木质化程度不够,枝条养分积累不足,如遇低温,易遭受低温冻害,影响树势和果树正常生长
11 月	上旬	全区				
	中下旬	全区	落叶期	未施基肥的应继续施基肥;彻底清园,消灭越冬病虫	日最低气温 $T_d<-10$ ℃;低温冻害	低温冻害:由于低温强度大,造成枝条受冻损伤,木质部受损,影响树势和果树正常生长
12 月	全旬	全区	休眠期	重视低温冻害防御。细致清园,在树冠下或全园覆盖杂草、绿肥或农作物碎秸秆等,一般覆盖物厚度为 20~25 cm。覆盖后可抑制杂草生长,减少水分蒸发,防治水土流失,并增加土壤有机质含量	日最高气温 $T_g>8$ ℃;日最低气温 $T_d<-18$ ℃;低温冻害	越冬期低温冻害:枣树枝条冻死;主干皮层冻裂,与土壤接触面部分形成层变成褐色,最后主干皮层纵向爆裂或卷起。越冬期低温冻害严重危害枣树的生长,枣树的生命力和树势下降,容易发生腐烂病、裂皮病和流胶病等,严重时可导致枣树死亡

第6章　核桃气象服务

核桃树是喜光树种，生长期日照时数与强度对树体生长、花芽分化及果实发育有很大影响。一般情况下，进入结果期后更需要充足的光照，全年日照时数在2000 h以上方能保证正常发育；小于1000 h，则结果不良，影响核壳、核仁的发育，降低坚果品质。

核桃是喜温树种。适宜生长的温度范围是年平均气温9～16 ℃，冬季极端最低气温不低于零下30 ℃，夏季7月平均气温不低于20 ℃，最高气温不高于38 ℃，无霜期在150 d以上的地区。

核桃树对空气湿度的适应性较强，能耐干燥空气，但对土壤水分则比较敏感。不同品种对水分的要求差异较大，产区年降水量在500～700 mm较为适宜，土壤过干或过湿均不利生长和结果。

6.1 陕西核桃产量、种植基地县

1999—2020年陕西核桃产量、种植基地县

年份	全省总产量	主产地产量									
		西安	铜川	宝鸡	咸阳	渭南	延安	汉中	安康	商洛	榆林
	产量/t	产量/t	产量/t	产量/t	产量/t	产量/t	产量/t	产量/t	产量/t	产量/t	产量/t
2006	46717	3349	1434	8776	565	2766	1755	9219	3151	15692	
2007	43492	3120	33	6332	374	2526	529	7847	2410	20319	
2008	74069	4589	6320	14097	2325	3805	4177	10009	4177	24511	
2009	88773	4306	10210	19967	2666	3730	4589	10374	5450	27416	
2010	60453	6965	2915	5031	1789	5580	835	10009	5572	21732	25
2011	141362	13235	12300	24761	7094	11405	5647	15940	14333	36612	
2012	162981	10281	13292	33703	7799	15482	7120	17041	17551	40608	104
2013	161500	18033	8892	26328	11116	18526	2325	18555	14082	43539	104
2014	181771	16695	16054	30600	9985	15414	9511	19941	15727	47723	121
2015	221074	17091	16643	34843	13278	22079	9473	24330	16504	66751	78
2016	265820	19240	17831	35848	15245	25604	14997	26339	22360	86301	251
2017	336099	8010	18555	39632	31917	33527	14148	29624	26625	131320	866

续表

年份	全省总产量	主产地产量									
		西安	铜川	宝鸡	咸阳	渭南	延安	汉中	安康	商洛	榆林
	产量/t	产量/t	产量/t	产量/t	产量/t	产量/t	产量/t	产量/t	产量/t	产量/t	产量/t
2018	238329	5209	16525	36525	21704	35442	5973	28920	30383	57548	100
2019	393884	38732	20925	61595	29822	52960	14873	35947	27828	113162	6879
2020	414764	34580	22742	63935	35636	58070	14006	38823	29551	110407	7014

陕西核桃种植基地县

果区	地市	基地县
关中及渭北种植区	延安	黄陵、黄龙
	铜川	耀州、宜君、铜川
	渭南	澄城、合阳、韩城、白水、临渭、华县、潼关、华阴、富平
	咸阳	彬县、旬邑、永寿、淳化、长武
	西安	蓝田
	宝鸡	扶风、陇县、陈仓、千阳、凤县
陕南种植区	商洛	洛南、柞水、商州、镇安、丹凤、商南、山阳
	汉中	宁强、南郑、勉县、略阳
	安康	宁陕、汉阴、汉滨、岚皋、平利

6.2 陕西核桃物候历、物候期气象条件与指标

陕西核桃物候历(旬/月)

主产区	芽萌动期	芽膨大期	芽开放期	展叶期	雄花开放期	雌花开放期	果实生长期	可采成熟期	叶变色期	落叶期	休眠期
关中、渭北	上/3—中/3	下/3—上/4	中/4—下/4	上/4—下/4	下/4—上/5	下/4—中/5	下/5—下/8	下/8—中/9	中/9—中/10	上/10—下/10	上/11—下/2
陕南	下/2—上/3	上/3—下/3	下/3—上/4	下/3—上/4	上/4—下/4	中/4—上/5	中/5—中/8	中/8—中/9	下/9—中/10	下/10—中/11	下/11—中/2

陕西核桃物候期气象条件与指标

生育期	主产区	时段	有利气象条件	不利气象条件	气候背景
芽萌动期	关中渭北	上/3—中/3	气温:4~5 ℃;空气湿度:68%~72%;风速:≤7 m/s	气温:<4 ℃或≥5 ℃;空气湿度:<60%或≥80%;风速:>11 m/s;雪、雨夹雪	平均气温:4.5~6.9 ℃;降水量:5.1~7.9 mm;日照时数:46.9~61.2 h;平均最低气温:-0.5~2.2 ℃;平均最高气温:11.0~13.0 ℃
	陕南	下/2—上/3			平均气温:5.1~6.7 ℃;降水量:4.7~6.9 mm;日照时数:27.6~45.5 h;平均最低气温:1.3~2.0 ℃;平均最高气温:10.5~13.0 ℃
芽膨大期	关中渭北	下/3—上/4	气温:9~12 ℃;空气湿度:68%~72%;风速:≤7 m/s	气温:<9 ℃或≥12 ℃;空气湿度:<60%或≥80%;风速:>11 m/s;雪、雨夹雪、霜冻	平均气温:8.5~11.4 ℃;降水量:8.9~10.9 mm;日照时数:55.7~59.6 h;平均最低气温:3.4~6.0 ℃;平均最高气温:14.6~17.9 ℃
	陕南	上/3—下/3			平均气温:6.7~10.2 ℃;降水量:6.9~13.5 mm;日照时数:41.5~45.5 h;平均最低气温:2.0~5.6 ℃;平均最高气温:13.0~16.3 ℃
芽开放期	关中渭北	中/4—下/4	气温:11~13 ℃;空气湿度:68%~72%;风速:≤7 m/s	气温:<11 ℃或≥13 ℃;空气湿度:<60%或≥80%;风速:>11 m/s;雪、雨夹雪、霜冻	平均气温:13.1~15.0 ℃;降水量:11.4~13.0 mm;日照时数:67.6~68.1 h;平均最低气温:7.2~8.9 ℃;平均最高气温:19.9~21.8 ℃
	陕南	下/3—上/4			平均气温:10.2~12.8 ℃;降水量:13.5~16.3 mm;日照时数:41.5~42.8 h;平均最低气温:5.6~8.1 ℃;平均最高气温:16.3~19.2 ℃

续表

生育期	主产区	时段	有利气象条件	不利气象条件	气候背景
展叶期	关中渭北	上/4—下/4	气温：13～16 ℃；空气湿度：68%～72%；风速：≤7 m/s	气温：<13 ℃或≥16 ℃；空气湿度：<60%或≥80%；风速：>11 m/s；雪、雨夹雪、霜冻	平均气温：11.4～15.0 ℃；降水量：10.9～13.0 mm；日照时数：59.6～68.1 h；平均最低气温：6.0～8.9 ℃；平均最高气温：17.9～21.8 ℃
	陕南	下/3—上/4			平均气温：10.2～12.8 ℃；降水量：13.5～16.3 mm；日照时数：41.5～42.8 h；平均最低气温：5.6～8.1 ℃；平均最高气温：16.3～19.2 ℃
雄花开放期	关中渭北	下/4—上/5	气温：15～18 ℃；空气湿度：68%～72%；风速：≤7 m/s	气温：<15 ℃或≥18 ℃；空气湿度：<60%或≥80%；风速：>11 m/s；雨、沙尘、霜冻	平均气温：15.0～17.0 ℃；降水量：13.0～14.0 mm；日照时数：68.1～71.2 h；平均最低气温：8.9～11.0 ℃；平均最高气温：21.8～23.9 ℃
	陕南	上/4—下/4			平均气温：12.8～16.2 ℃；降水量：16.3～18.3 mm；日照时数：42.8～56.4 h；平均最低气温：8.1～10.7 ℃；平均最高气温：19.2～23.2 ℃
雌花开放期	关中渭北	下/4—中/5	气温：15～20 ℃；空气湿度：68%～72%；风速：≤7 m/s	气温：<15 ℃或≥20 ℃；空气湿度：<60%或≥80%；风速：>11 m/s；雨、沙尘、霜冻	平均气温：15.0～17.8 ℃；降水量：13.0～14.0 mm；日照时数：68.1～71.2 h；平均最低气温：8.9～11.0 ℃；平均最高气温：21.8～23.9 ℃
	陕南	中/4—上/5			平均气温：14.5～18.0 ℃；降水量：17.0～23.6 mm；日照时数：56.0～60.0 h；平均最低气温：9.2～12.66 ℃；平均最高气温：21.4～24.9 ℃

续表

生育期	主产区	时段	有利气象条件	不利气象条件	气候背景
果实生长期	关中渭北	下/5—下/8	气温：9～12 ℃；空气湿度：68%～72%；风速：≤7 m/s	气温：<9 ℃或≥12 ℃；空气湿度：<60%或≥80%；风速：>11 m/s；高温热害、冰雹、干旱	平均气温：19.7～21.5 ℃；降水量：18.9～39.9 mm；日照时数：68.3～79.4 h；平均最低气温：13.7～17.4 ℃；平均最高气温：26.5～27.0 ℃
	陕南	中/5—中/8			平均气温：18.6～23.6 ℃；降水量：31.6～53.1 mm；日照时数：54.0～55.6 h；平均最低气温：13.4～19.8 ℃；平均最高气温：25.2～29.1 ℃
可采成熟期	关中渭北	下/8—中/9	气温：18～24 ℃；空气湿度：68%～72%；风速：≤7 m/s	气温：<18 ℃或≥24 ℃；空气湿度：<60%或≥80%；风速：>11 m/s；暴雨、冰雹	平均气温：18.0～21.5 ℃；降水量：29.3～39.9 mm；日照时数：51.0～68.3 h；平均最低气温：13.9～17.4 ℃；平均最高气温：23.6～27.0 ℃
	陕南	中/8—中/9			平均气温：19.0～23.6 ℃；降水量：36.4～53.1 mm；日照时数：41.0～54.0 h；平均最低气温：15.5～19.8 ℃；平均最高气温：24.5～29.1 ℃；
叶变色期	关中渭北	中/9—中/10	气温：12～18 ℃；空气湿度：68%～72%；风速：≤7 m/s	气温：<12 ℃或≥18 ℃；空气湿度：<60%或≥80%；风速：>11 m/s；霜冻	平均气温：4.3～18 ℃；降水量：0～29.3 mm；日照时数：0～51.0 h；平均最低气温：0.8～13.9 ℃；平均最高气温：6.5～23.6 ℃
	陕南	下/9—中/10			平均气温：7.3～17.5 ℃；降水量：0～39.1 mm；日照时数：0～38.8 h；平均最低气温：5.1～14.0 ℃；平均最高气温：9.9～22.6 ℃

续表

生育期	主产区	时段	有利气象条件	不利气象条件	气候背景
落叶期	关中 渭北	上/10—下/10	气温:8～12 ℃;空气湿度:68%～72%;风速:≤7 m/s	气温:<8 ℃或≥12 ℃;空气湿度:<60%或≥80%;风速:>11 m/s;连阴雨	平均气温:9.9～14.3 ℃;降水量:9.7～19.4 mm;日照时数:48.9～60.9 h;平均最低气温:5.5～10.1 ℃;平均最高气温:16.1～19.9 ℃
	陕南	下/10—中/11			平均气温:－2.1～12.0 ℃;降水量:0～15.3 mm;日照时数:0～46.7 h;平均最低气温:－5.3～8.2 ℃;平均最高气温:2.7～17.9 ℃
休眠期	关中 渭北	上/11—下/2	气温:－10～1 ℃;空气湿度:68%～72%;风速:≤7 m/s	气温:<－10 ℃或≥1 ℃;空气湿度:<60%或≥80%;风速:>11 m/s;低温冻害	平均气温:2.8～8.0 ℃;降水量:3.6～6.9 mm;日照时数:40.8～54 h;平均最低气温:－1.5～3.2 ℃;平均最高气温:8.5～14.5 ℃
	陕南	下/11—中/2			平均气温:4.6～6.2 ℃;降水量:4.4～5.8 mm;日照时数:34.2～34.7 h;平均最低气温:0.6～2.5 ℃;平均最高气温:10.1～11.7 ℃

6.3 陕西核桃主要气象灾害

气象灾害往往造成核桃产量和品质下降，严重者甚至死树、毁园。影响陕西核桃生产的主要气象灾害有越冬期低温冻害、展叶开花期晚霜冻、果实膨大期高温热害、果实膨大期干旱、授粉期或成熟期连阴雨。

陕西核桃产区主要气象灾害

灾害类型	出现时间	影响对象	指标	症状	典型年
越冬冻害	12—2月（越冬期）	核桃	最低气温 T_{min}：$-25 \leqslant T_{min} < -20$ ℃（轻度）；$-30 \leqslant T_{min} < -25$ ℃（中度）；$T_{min} < -30$ ℃（重度）	轻度：秋梢失水抽干，不影响当年产量，一般年份都有不同程度发生，多发生在当年嫁接后生长的新梢；中度：幼树根颈部形成层受冻后先产生环状褐色坏死病斑，以后皮层变褐腐烂，流出黑水；重度：核桃主干受冻后产生纵向裂纹，部分主枝及多年生大枝死亡，当年大量减产，甚至绝收	1991、1993、2002、2008、2012、2016
早春冻害	3—5月（开花座果期）	核桃	最低气温 T_{min}：$0 \leqslant T_{min} < 2$ ℃（轻度）；$-2 \leqslant T_{min} < 0$ ℃（中度）；$T_{min} < -2$ ℃（重度）	轻度：花芽开放或雄花开花期，对低温冻害最敏感，气温降到0 ℃左右即受冻；中度：如遇−2～0 ℃低温，花芽、叶芽、雄花、雌花受冻萎蔫，幼枝受冻干枯；重度：−2 ℃以下低温，新梢会受到较严重冻害，花芽、叶芽、雄花、雌花全部冻坏冻死，核桃绝收	1988、1992、2000、2006、2010、2013

续表

灾害类型	出现时间	影响对象	指标	症状	典型年
高温热害	6—8月（果实发育期）	核桃	最高气温 T_{max}：轻度：$35 \leqslant T_{max} < 38$ ℃(3～4 d)；中度：$35 \leqslant T_{max} < 38$ ℃(5～8 d)；重度：$35 \leqslant T_{max} < 38$ ℃(9 d及以上)或38 ℃$\leqslant T_{max}$(2 d及以上)	轻度：果实轻度灼伤，在果皮上出现圆形黄褐色病斑； 中度：高温日灼严重时斑块变黑，干枯下陷，引起果实发育不良或脱落； 重度：枝条受日灼后表皮干枯或整枝枯死	1982、1994、1998、2004、2005、2009
干旱	6—8月（果实发育期）	核桃	降水距平百分率 P_a(%)：轻度：$P_a > -50\%$；中度：$-70\% < P_a \leqslant -50\%$；重度：$P_a \leqslant -70\%$	轻度：新梢、叶片出现萎蔫，果实总苞出现皱缩； 中度：出现落叶、落果落果现象，果实发育不良，产量降低，品质下降； 重度：造成核壳发育不完全，核仁发育不全甚至空壳，造成大面积落果，减产严重	1997、2002、1987、2005、2009
连阴雨	9—10月（成熟收获期）	核桃	轻度：连阴3～5 d(轻度)；中度：连阴6～9 d(中度)；重度：连阴10 d以上	连阴雨造成核桃病害加重，影响成熟收获，不能及时脱皮晾晒，影响产量、品质，阴雨时间越长，危害越重	1983、1984、2007、2011、2014

6.4 陕西核桃农业气候资源

农业气候资源包括:生长季太阳总辐射、光合有效辐射、日照时数、稳定通过界限温度初终日期和积温及其持续日数、无霜期、生长季降水量、土壤湿度、空气湿度、风等,其中尤以光照、温度、降水三者最为重要。核桃属核桃科,是一种木本植物,生物学特性喜光热、湿润、怕高温、耐寒,要求温暖湿润的气候生态环境,对光照、水分要求也比较严格,水分过少,花期分化不良,直接关系到产量和品质,在高温强烈光照射下,易形成琥珀色,黑仁,在成熟期若遇连阴雨天气,会造成霉烂,涩苦味。

陕西核桃产区稳定通过界限温度积温及无霜期

温度	主产区	积温/(℃·d)			始期(日/月)			终期(日/月)			持续天数/d		
		平均	最小	最大	平均	最早	最晚	平均	最早	最晚	平均	最短	最长
0 ℃	关中及渭北种植区	4456	3614	5097	2月28日	2月7日	3月23日	12月15日	12月2日	12月26日	291	258	313
0 ℃	陕南种植区	4987	4129	5756	1月31日	1月15日	3月6日	1月3日	12月17日	1月11日	338	288	363
5 ℃	关中及渭北种植区	4260	3438	4884	3月28日	3月12日	4月15日	11月22日	11月10日	11月30日	240	213	257
5 ℃	陕南种植区	4710	3940	5451	3月15日	3月2日	4月2日	12月7日	11月20日	12月20日	268	236	293
10 ℃	关中及渭北种植区	3827	2944	4521	4月22日	4月2日	5月10日	10月30日	10月17日	11月10日	193	162	215
10 ℃	陕南种植区	4226	3495	4970	4月13日	4月2日	4月25日	11月11日	10月26日	11月24日	214	187	236
15 ℃	关中及渭北种植区	3102	2137	3808	5月18日	4月27日	6月7日	10月6日	9月21日	10月17日	142	107	164

续表

温度	主产区	积温/(℃·d)			始期(日/月)			终期(日/月)			持续天数/d		
		平均	最小	最大	平均	最早	最晚	平均	最早	最晚	平均	最短	最长
15 ℃	陕南种植区	3442	2666	4192	5月10日	4月30日	5月25日	10月14日	9月25日	10月25日	157	129	180
20 ℃	关中及渭北种植区	1829	596	2750	6月22日	5月27日	7月19日	9月4日	8月10日	9月21日	75	27	109
20 ℃	陕南种植区	2133	1291	2956	6月17日	6月2日	7月6日	9月13日	8月26日	9月27日	89	56	116

陕西核桃产区气象要素年值

主产区	年平均气温/℃			年降水量/mm			年日照时数/h			年平均最低气温/℃			年平均最高气温/℃			年极端最低气温/℃					年极端最高气温/℃					年最大积雪深度/cm			年平均风速/(m/s)			年大风天数/d		
	平均	最小	最大	平均	最小	最大	平均	最小	最大	平均	最小	最大	平均	最小	最大	平均	最小	出现年份	最大	出现年份	平均	最小	出现年份	最大	出现年份	平均	最小	最大	平均	最小	最大	平均	最少	最多
关中渭北种植区	11.9	7.9	15.2	585.6	257	1131.7	2130.5	1391.2	2900.2	7.1	6.1	10.9	177	122	209	−13.5	−28.2	2002(旬邑)	−6.2	2007(潼关)	36.4	28.5	1984(宜君)	41.9	1995(蓝田)	6.4	0	35	1.9	0.5	3.5	4.7	0	42
陕南种植区	13.7	10.1	16.6	831.4	400.5	2022.9	1676.4	1283.5	2312.2	9.4	8.5	10.2	194	154	223	−7.9	−22.6	1991(洛南)	−2.9	1996(安康)	36.3	31.7	1983(洛南)	41.3	1995(安康)	4.7	0	30	1.4	0.5	1.8	3.5	0	32

陕西核桃产区气象要素季值

	主产区	春季			夏季			秋季			冬季		
		平均	最小	最大	平均	最小	最大	平均	最小	最大	平均	最小	最大
季平均气温/℃	关中渭北	12.7	5.9	18.0	21.2	16.4	28.5	11.8	5.8	16.5	−0.3	−7.6	4.7
	陕南	14.1	8.8	18.6	23.7	18.5	28.4	13.8	8.7	18.5	3.0	−3.0	7.1
季降水量/mm	关中渭北	37.3	0.6	136.9	95.2	3.8	330.7	54.0	1.4	192.5	6.9	0	41.9
	陕南	55.7	1.8	179.6	135.7	13.6	538.7	37.2	5.6	289.2	9.7	0	50.5
季日照时数/h	关中渭北	184.3	87.7	297.9	208.5	80.6	321.0	154.7	33.7	786.9	156.7	42.3	249.0
	陕南	150.9	44.4	255.5	179.2	57.4	288.1	118.1	23.2	229.5	109.3	20.4	212.0
季平均最低气温/℃	关中渭北	7.1	−4.2	18.5	18.3	11.3	23.6	7.5	−5.5	18.2	−4.5	−13.2	3.2
	陕南	8.9	−1.6	17.9	19.3	13.2	25.0	10.0	−4.8	20.5	−0.9	−12.6	5.9
季平均最高气温/℃	关中渭北	19.2	3.8	31.3	29.1	21.7	35.5	17.5	5.2	29.9	5.5	−3.9	14.6
	陕南	20.5	7.1	31.3	29.4	23.5	35.6	19.2	8.1	30.6	8.6	0	15.7

续表

	主产区	春季			夏季			秋季			冬季		
		平均	最小	最大	平均	最小	最大	平均	最小	最大	平均	最小	最大
季极端最低气温/℃及出现日期	关中渭北	0.1	−18.7	12.9	13.3	3.0	20.7	0.8	−21.0	14.6	−10.7	−28.2	−2.4
			1988/03/07（黄龙）	2000/05/06（潼关）		1987/06/07（黄龙）	1994/07/17（潼关）		2004/11/26（旬邑）	2005/09/17（渭南）		2002/12/26（旬邑）	2002/02/01（潼关）
	陕南	2.7	−11.4	14.2	14.7	6.6	22.1	3.9	−13.3	16.6	−6.3	−22.6	−0.3
			1992/03/05（洛南）	1997/05/30（安康）		1997/06/02（洛南）	1998/07/07（安康）		1993/11/21（洛南）	2003/09/30（安康）		1991/12/28（洛南）	1989/12/23（安康）
季极端最高气温/℃及出现日期	关中渭北	27.4	12.5	39.7	34.9	26.7	41.9	24.8	11.1	40.3	12.9	1.2	24.2
			1985/03/27（宜君）	2000/05/31（蓝田）		1982/08/06（宜君）	1995/07/12（蓝田）		1996/11/02（长武）	1997/09/05（千阳）		1989/01/23（旬邑）	2004/02/13（渭南）
	陕南	28.8	16.1	37.3	35.0	29.6	41.3	26.3	15.1	40.7	15.5	9.9	23.7
			1988/03/11（宁强）	1988/05/03（安康）		1983/06/29（洛南）	1995/07/12（安康）		1981/11/15（洛南）	1999/09/10（岚皋）		1984/02/14（洛南）	1993/02/05（商县）
季平均风速/(m/s)	关中渭北	2.4	0.4	5.1	2.1	0.4	4.5	1.8	1.2	4.8	2.0	0.3	4.8
	陕南	1.7	0.4	4.6	1.5	0	3.9	1.2	0.2	4.1	1.5	0.2	4.4
季大风天数/d	关中渭北	0.8	0	11.0	0.5	0	6.0	0.3	0.1	8.0	0.3	0	8.0
	陕南	0.6	0	7.0	0.5	0	6.0	0.2	0	7.0	0.2	0	6.0

陕西核桃产区气象要素月值

主产区		月平均气温/℃		月降水量/mm		月日照时数/h		月平均最低气温/℃		月平均最高气温/℃		月极端最低气温/℃及出现日期				月极端最高气温/℃及出现日期				月平均风速/(m/s)		月大风天数/d	
		关中渭北	陕南	关中渭北	陕南	关中渭北	陕南	关中渭北	陕南	关中渭北	陕南	关中渭北		陕南		关中渭北		陕南		关中渭北	陕南	关中渭北	陕南
1月	平均	−2.0	1.7	6.1	7.5	162.5	114.1	−6.1	−2.1	3.9	7.3	−12.1		−7.1		11.0		14.0		1.9	1.4	0.2	0.2
	最小	−9.2	−4.3	0	0	46.8	18.7	−13.2	−12.6	−3.9	0	−23.8	2003/01/03（旬邑）	−18.6	1993/01/16（洛南）	1.2	1989/01/23（旬邑）	16.2	1993/01/31（安康）	0.5	0.2	0	0
	最大	3.1	5.8	35.1	57.6	243.1	201.4	−0.3	1.5	10.4	13.1	−3.3	2002/01/23（潼关）	−2.1	1990/01/16（安康）	19.8	1994/01/08（陈仓）	20.5	2002/01/06（南郑）	4.8	4.1	5.0	5.0
2月	平均	1.5	4.3	9.4	12.8	146.7	100.5	−2.8	0.2	7.3	9.8	−9.1		−5.1		15.1		17.3		2.2	1.7	0.4	0.2
	最小	−6.8	−1.7	0	0	38.8	10.9	−11.2	−11.4	−0.7	2.2	−22.7	2005/02/19（旬邑）	−13.1	1995/02/05（洛南）	6.8	1989/02/27（宜君）	9.9	1984/02/14（洛南）	0.6	0.2	0	0
	最大	7.2	8.9	55.1	54.2	248.2	213.8	3.2	5.9	14.6	15.7	−2.4	2002/02/01（潼关）	−0.7	1993/02/24（安康）	24.2	2004/02/13（渭南）	23.7	1993/02/05（商县）	4.5	4.4	0.7	5.0
3月	平均	6.7	8.7	21.9	30.3	164.5	121.6	1.7	4.0	12.9	14.8	−5.4		−2.4		21.9		23.7		2.4	1.8	0.8	0.5
	最小	−0.2	2.2	0	0.2	57.2	30.6	−4.2	−1.6	3.8	7.1	−18.7	1988/03/07（黄龙）	−11.4	1992/03/05（洛南）	12.5	1985/03/27（宜君）	16.1	1988/03/11（宁强）	0.7	0.5	0	0
	最大	11.7	13.5	73.3	138.2	269.9	241.8	7.0	8.3	19.5	20.7	−3.9	1984/03/11（华县）	3.8	1997/03/02（安康）	30.2	2003/03/30（凤县）	32.7	2003/03/30（镇安）	5.1	4.5	11.0	5.0

续表

主产区		月平均气温/℃		月降水量/mm		月日照时数/h		月平均最低气温/℃		月平均最高气温/℃		月极端最低气温/℃及出现日期				月极端最高气温/℃及出现日期				月平均风速/(m/s)		月大风天数/d	
		关中渭北	陕南	关中渭北	陕南	关中渭北	陕南	关中渭北	陕南	关中渭北	陕南	关中渭北		陕南		关中渭北		陕南		关中渭北	陕南	关中渭北	陕南
4月	平均	13.2	14.6	35.1	51.4	169.0	155.3	7.4	9.2	19.8	21.2	0.7		3.2		28.4		30.0		2.5	1.8	1.0	0.7
	最小	7.1	10.4	1.0	0.6	96.7	35.8	1.7	4.8	13.0	15.7	−7.8	1990/04/04（黄龙）	−3.7	1991/04/01（洛南）	20.3	1990/04/26（宜君）	22.1	1990/04/14（勉县）	0.5	0.5	0	0
	最大	18.5	18.7	110.8	138.2	286.9	250.5	13.0	13.2	26.4	26.5	6.5	1989/04/16（韩城）	8.2	1998/04/02（安康）	36.0	2004/04/21（渭南）	36.4	2004/04/21（山阳）	5.0	4.6	9.0	6.0
5月	平均	18.2	19.0	54.8	85.5	219.5	175.8	12.1	13.6	24.9	25.5	5.1		7.3		31.9		32.7		2.3	1.6	0.7	0.5
	最小	10.8	13.8	0.7	4.5	109.2	66.9	6.6	8.6	17.9	19.9	−4.4	1991/05/02（黄龙）	−1.0	1991/05/02（洛南）	24.6	1985/05/24（宜君）	27.3	1993/05/23（宁陕）	0.4	0.4	0	0
	最大	23.9	23.7	226.7	262.4	336.9	274.1	18.5	17.9	31.3	31.3	12.9	2000/05/06（潼关）	14.2	1997/05/30（安康）	39.7	2000/05/31（蓝田）	37.3	1988/05/03（安康）	4.7	3.7	8.0	7.0
6月	平均	22.7	22.6	69.1	103.4	212.2	174.0	16.8	17.6	29.1	28.7	11.2		12.8		35.2		34.7		2.2	1.5	0.6	0.4
	最小	16.1	18.5	0.9	11.2	94.5	68.2	11.3	13.2	21.7	23.5	3.0	1987/06/07（黄龙）	6.6	1997/06/02（洛南）	27.3	1983/06/29（宜君）	29.6	1983/06/29（洛南）	0.3	0.4	0	0
	最大	27.5	26.4	198.8	387.1	325.1	258.3	22.1	21.4	35.3	33.1	17.2	2002/06/11（渭南）	18.6	2002/06/03（安康）	41.8	1998/06/21（华阴）	40.2	1982/06/18（安康）	4.4	3.6	6.0	5.0

续表

主产区		月平均气温/℃		月降水量/mm		月日照时数/h		月平均最低气温/℃		月平均最高气温/℃		月极端最低气温/℃及出现日期				月极端最高气温/℃及出现日期				月平均风速/(m/s)		月大风天数/d	
		关中渭北	陕南	关中渭北	陕南	关中渭北	陕南	关中渭北	陕南	关中渭北	陕南	关中渭北		陕南		关中渭北		陕南		关中渭北	陕南	关中渭北	陕南
7月	平均	24.4	24.7	105.3	164.7	214.7	185.4	19.6	20.5	30.0	30.2	15.1		16.3		35.6		35.4		2.1	1.5	0.5	0.6
	最小	16.8	20.9	6.1	25.3	77.1	70.1	13.4	16.7	22.8	25.4	7.9	1991/07/01(黄龙)	11.0	1983/07/14(洛南)	28.4	1984/07/27(宜君)	31.4	1983/07/01(略阳)	0.2	0.5	0	0
	最大	29.0	29.4	382.9	539.2	312.2	302.4	23.6	25.0	35.5	35.2	20.7	1994/07/17(潼关)	22.1	1998/07/07(安康)	41.9	1995/07/12(蓝田)	41.3	1995/07/12(安康)	4.2	3.6	5.0	6.0
8月	平均	22.8	23.8	111.3	139.1	198.5	178.2	18.5	19.8	28.1	29.3	13.6		15.1		33.8		34.8		2.0	1.4	0.3	0.4
	最小	16.2	20.1	4.3	4.3	70.2	33.9	12.7	16.0	21.3	24.4	7.1	1984/08/15(黄龙)	9.4	1988/08/23(柞水)	26.7	1982/08/06(宜君)	30.7	1988/08/04(洛南)	0.2	0.5	0	0
	最大	29.0	29.5	410.4	689.9	325.7	303.6	23.1	24.5	35.5	35.6	19.8	1997/08/17(韩城)	21.2	1994/08/27(安康)	41.1	1994/08/04(华阴)	40.9	1994/08/04(岚皋)	4.5	3.9	5.0	4.0
9月	平均	18.0	19.2	91.9	124.9	156.7	125.1	13.9	15.6	23.4	24.4	8.1		10.7		30.8		31.6		1.8	1.2	0.2	0.1
	最小	11.3	14.8	4.2	11.0	37.7	22.0	7.8	9.9	16.1	18.7	−2.0	1995/09/24(黄龙)	1.0	1997/09/27(洛南)	21.7	1982/09/09(宜君)	25.1	1982/09/06(洛南)	0.2	0.4	0	0
	最大	22.7	24.7	269.1	438.0	254.8	227.7	18.2	20.5	29.9	30.6	14.6	2005/09/17(渭南)	16.6	2003/09/30(安康)	40.3	1997/09/05(千阳)	40.7	1999/09/10(岚皋)	4.0	3.4	3.0	3.0

续表

主产区		月平均气温/℃		月降水量/mm		月日照时数/h		月平均最低气温/℃		月平均最高气温/℃		月极端最低气温/℃及出现日期				月极端最高气温/℃及出现日期				月平均风速/(m/s)		月大风天数/d	
		关中渭北	陕南	关中渭北	陕南	关中渭北	陕南	关中渭北	陕南	关中渭北	陕南	关中渭北		陕南		关中渭北		陕南		关中渭北	陕南	关中渭北	陕南
10月	平均	12.1	13.9	52.7	73.8	152.0	116.0	7.8	10.2	17.8	19.3	0.4		3.4		24.7		26.1		1.8	1.2	0.3	0.2
	最小	6.1	8.8	0	5.7	30.5	33.6	1.1	4.0	11.3	13.7	−11.2	1986/10/29（黄龙）	−6.0	1991/10/28（洛南）	17.7	1988/10/17（长武）	21.3	1981/10/11（洛南）	0.4	0.2	0	0
	最大	16.7	18.2	224.3	273.5	276.7	229.5	13.1	15.6	23.1	24.1	8.6	2001/10/30（潼关）	11.1	1982/10/31（安康）	30.4	2002/10/03（富平）	32.8	1987/10/02（商南）	4.7	4.1	6.0	5.0
11月	平均	5.2	8.2	17.5	26.8	155.4	113.1	0.8	4.1	11.2	13.9	−6.2		−2.3		19.0		21.1		1.9	1.3	0.3	0.3
	最小	0	2.6	0	0.2	33.0	14.3	−5.5	−4.8	5.2	8.1	−21.0	2004/11/26（旬邑）	−13.3	1993/11/21（洛南）	11.1	1996/11/02（长武）	15.1	1981/11/15（洛南）	0.4	0.3	0	0
	最大	10.1	12.5	84.2	156.2	255.4	231.2	5.8	9.3	17.1	19.9	−0.1	1994/11/18（陈仓）	4.5	1994/11/16（安康）	26.4	1991/11/02（陈仓）	26.9	2003/11/01（山阳）	4.8	3.7	8.0	7.0
12月	平均	−0.5	3.1	5.1	8.9	160.8	113.2	−4.6	−0.8	5.3	8.6	−11.0		−6.7		12.6		15.1		1.8	1.4	0.3	0.3
	最小	−6.7	−2.9	0	0	41.2	31.7	−11.6	−9.8	−3.4	1.0	−28.2	2002/12/26（旬邑）	−22.6	1991/12/28（洛南）	6.1	2003/12/23（长武）	10.5	1982/12/18（安康）	0.3	0.2	0	0
	最大	3.8	6.6	35.4	39.8	255.8	220.7	0	3.6	11.2	13.1	−3.3	1989/12/27（潼关）	−0.3	1989/12/23（安康）	24.1	1989/12/02（陈仓）	23.5	1989/12/03（商南）	4.2	4.4	8.0	6.0

陕西核桃产区气象要素旬值

主产区		旬平均气温/℃		旬降水量/mm		旬日照时数/h		旬平均最低气温/℃		旬平均最高气温/℃	
		关中渭北	陕南	关中渭北	陕南	关中渭北	陕南	关中渭北	陕南	关中渭北	陕南
1月上旬	平均	−1.7	1.8	1.3	2.0	51.9	38.4	−6.1	−2.2	4.3	7.7
	最小	−10.5	−5.1	0	0	0	0	−17.5	−10.1	−3.7	−0.5
	最大	4.6	6.1	30.5	43.3	90.9	86.8	0.4	3.4	14.3	16.9
1月中旬	平均	−2.1	1.5	2.6	2.9	53.5	36.6	−6.4	−2.3	3.6	6.9
	最小	−11.2	−7.2	0	0	2.7	0.9	−17.3	−11.6	−6.2	−2.1
	最大	3.9	6.7	29.0	21.1	89.7	83.1	0.9	2.6	13.5	16.0
1月下旬	平均	−1.9	1.9	2.0	2.4	56.3	39.0	−6.2	−2.1	3.8	7.4
	最小	−12.2	−7.6	0	0	9.9	0	−18.8	−12.1	−8.8	−3.0
	最大	4.5	8.3	17.1	18.1	100.5	89.6	0.3	3.8	12.3	14.9
2月上旬	平均	0	3.3	1.6	2.1	55.4	38.7	−4.6	−1.0	6.0	9.1
	最小	−10.9	−5.8	0	0	5.6	0	−19.2	−11.2	−4.4	1.0
	最大	6.1	8.8	17.5	15.9	89.7	85.5	2.9	6.3	15.0	16.4

续表

主产区		旬平均气温/℃		旬降水量/mm		旬日照时数/h		旬平均最低气温/℃		旬平均最高气温/℃	
		关中渭北	陕南	关中渭北	陕南	关中渭北	陕南	关中渭北	陕南	关中渭北	陕南
2月中旬	平均	1.9	4.6	4.3	5.8	49.5	34.2	−2.5	0.6	7.8	10.1
	最小	−5.1	−2.4	0	0	13.8	4.3	−11.8	−6.9	−0.3	1.3
	最大	9.3	9.5	51.0	45.2	93.4	86.1	4.7	6.7	17.2	18.4
2月下旬	平均	2.8	5.1	3.6	4.7	40.8	27.6	−1.5	1.3	8.5	10.5
	最小	−5.7	−2.3	0	0	0.6	0	−11.6	−6.3	−3.0	0.9
	最大	9.9	10.8	32.8	32.3	91.2	83.4	6.0	6.8	18.7	18.7
3月上旬	平均	4.5	6.7	5.1	6.9	61.2	45.5	−0.5	2.0	11.0	13.0
	最小	−4.2	−0.6	0	0	11.7	5.7	−11.3	−6.0	1.5	4.7
	最大	10.2	11.5	39.5	47.1	101.2	90.5	6.5	7.2	17.4	19.3
3月中旬	平均	6.9	9.0	7.9	10.7	46.9	34.6	2.2	4.5	13.0	15.0
	最小	0.5	2.4	0	0	0.6	0	−4.7	−1.7	3.7	6.3
	最大	13.0	14.9	48.4	56.4	90.7	92.0	8.7	10.4	21.1	22.9

续表

主产区		旬平均气温/℃		旬降水量/mm		旬日照时数/h		旬平均最低气温/℃		旬平均最高气温/℃	
		关中渭北	陕南	关中渭北	陕南	关中渭北	陕南	关中渭北	陕南	关中渭北	陕南
3月下旬	平均	8.5	10.2	8.9	13.5	55.7	41.5	3.4	5.6	14.6	16.3
	最小	1.3	3.5	0	0	0	3.5	−3.5	−0.9	3.9	6.8
	最大	16.8	17.0	72.8	75.9	104.4	98.4	12.1	11.4	24.1	25.5
4月上旬	平均	11.4	12.8	10.9	16.3	59.6	42.8	6.0	8.1	17.9	19.2
	最小	3.4	5.9	0	0	7.0	0	−1.4	2.8	7.3	8.8
	最大	17.9	17.3	58.3	81.8	95.5	86.9	12.9	12.2	25.0	25.6
4月中旬	平均	13.1	14.5	11.4	17.0	67.6	56.0	7.2	9.2	19.9	21.4
	最小	6.6	9.3	0	0	20.5	1.7	0.5	3.3	11.0	14.4
	最大	20.3	19.7	77.2	72.8	101.6	97.5	14.5	14.5	28.0	29.1
4月下旬	平均	15.0	16.2	13.0	18.3	68.1	56.4	8.9	10.7	21.8	23.2
	最小	7.6	10.5	0	0	1.5	3.8	2.1	4.8	11.7	14.7
	最大	22.3	22.6	78.9	94.6	110.9	98.2	16.6	16.8	30.1	30.5

续表

主产区		旬平均气温/℃		旬降水量/mm		旬日照时数/h		旬平均最低气温/℃		旬平均最高气温/℃	
		关中渭北	陕南	关中渭北	陕南	关中渭北	陕南	关中渭北	陕南	关中渭北	陕南
5月上旬	平均	17.0	18.0	14.0	23.6	71.2	60.0	11.0	12.6	23.9	24.9
	最小	8.4	10.9	0	0	1.2	5.4	2.5	5.2	13.1	16.5
	最大	23.0	24.0	77.0	119.8	109.2	100.2	17.9	18.6	31.0	32.5
5月中旬	平均	17.8	18.6	21.7	31.6	67.9	55.6	11.8	13.4	24.3	25.2
	最小	10.0	12.1	0	0	3.5	7.4	4.2	7.9	14.2	17.4
	最大	24.1	24.3	142.0	158.8	117.1	99.0	18.5	18.4	32.0	31.8
5月下旬	平均	19.7	20.0	18.9	30.8	79.4	60.0	13.7	15.0	26.5	26.6
	最小	13.8	15.5	0	0	27.4	3.3	6.3	9.3	18.3	20.2
	最大	25.8	24.9	156.9	178.5	130.6	103.9	20.2	20.5	32.8	31.6
6月上旬	平均	21.3	21.4	20.8	30.9	70.2	57.4	15.3	16.5	27.9	27.8
	最小	14.0	16.1	0	0	11.9	3.0	8.8	11.1	17.1	19.3
	最大	27.8	26.7	124.1	153.4	114.6	110.3	22.0	22.0	35.5	33.9

续表

主产区		旬平均气温/℃		旬降水量/mm		旬日照时数/h		旬平均最低气温/℃		旬平均最高气温/℃	
		关中渭北	陕南	关中渭北	陕南	关中渭北	陕南	关中渭北	陕南	关中渭北	陕南
6月中旬	平均	22.8	22.6	21.7	30.3	69.3	58.4	17.0	17.8	29.2	28.8
	最小	16.2	17.3	0	0	10.8	2.9	9.7	11.6	19.8	20.9
	最大	29.5	28.9	116.5	143.3	128.8	120.5	23.7	22.8	37.4	36.3
6月下旬	平均	23.8	23.6	25.7	41.5	71.9	58.2	18.2	19.0	30.2	29.6
	最小	17.1	18.6	0	0	13.4	2.4	11.2	13.1	19.7	22.5
	最大	30.1	29.0	130.3	216.4	116.6	103.2	23.7	24.5	37.2	36.2
7月上旬	平均	24.0	24.1	39.0	60.1	64.8	53.7	19.0	20.1	29.7	29.6
	最小	16.9	20.0	0	0	4.7	3.7	12.6	15.1	21.1	23.5
	最大	30.3	29.3	191.7	284.0	117.6	112.0	24.4	24.7	37.2	35.5
7月中旬	平均	24.4	24.6	29.6	55.9	70.6	59.3	19.6	20.6	30.0	30.2
	最小	18.6	19.2	0	0	9.6	0	12.9	15.1	21.8	23.5
	最大	30.7	31.8	195.6	297.5	119.5	107.5	26.3	26.9	37.5	38.1

续表

主产区		旬平均气温/℃		旬降水量/mm		旬日照时数/h		旬平均最低气温/℃		旬平均最高气温/℃	
		关中渭北	陕南	关中渭北	陕南	关中渭北	陕南	关中渭北	陕南	关中渭北	陕南
7月下旬	平均	24.9	25.3	39.4	53.3	78.0	72.1	20.3	21.2	30.4	30.9
	最小	18.2	21.1	0	0	16.2	13.8	13.2	15.9	21.8	25.3
	最大	31.3	30.5	261.2	266.5	133.2	125.1	25.8	25.8	37.6	36.7
8月上旬	平均	24.4	25.2	31.5	41.6	69.4	64.2	20.0	21.2	29.8	30.9
	最小	18.7	20.4	0	0	2.7	5.7	13.0	15.9	21.9	24.8
	最大	30.2	30.8	165.9	234.7	113.4	120.1	24.7	25.9	36.6	37.5
8月中旬	平均	22.6	23.6	42.1	53.1	59.5	54.0	18.4	19.8	27.8	29.1
	最小	16.6	17.6	0	0	15.9	8.5	12.3	15.1	20.8	21.3
	最大	28.1	30.4	218.0	353.4	118.3	99.3	24.3	26.1	34.9	36.8
8月下旬	平均	21.5	22.6	39.9	46.1	68.3	60.0	17.4	18.8	27.0	28.2
	最小	15.9	17.5	0	0	10.1	6.3	10.8	13.9	18.8	20.7
	最大	31.3	28.8	234.1	405.3	126.1	123.4	25.3	24.0	38.3	37.2

续表

主产区		旬平均气温/℃		旬降水量/mm		旬日照时数/h		旬平均最低气温/℃		旬平均最高气温/℃	
		关中渭北	陕南	关中渭北	陕南	关中渭北	陕南	关中渭北	陕南	关中渭北	陕南
9月上旬	平均	20.0	21.0	33.2	49.2	54.9	45.1	15.8	17.5	25.2	26.3
	最小	13.6	15.9	0	0	2.0	0	9.5	12.2	16.1	18.0
	最大	28.7	28.3	187.8	327.7	108.4	102.7	22.5	23.9	36.2	36.4
9月中旬	平均	18.0	19.0	29.3	36.4	51.0	41.0	13.9	15.5	23.6	24.5
	最小	10.3	13.4	0	0	0	0	7.5	9.2	12.5	15.5
	最大	26.8	26.8	153.1	225.0	106.0	89.5	21.2	23.0	32.9	33.0
9月下旬	平均	16.2	17.5	29.4	39.1	49.7	38.8	12.1	14.0	21.6	22.6
	最小	9.7	12.2	0	0	0	0	3.3	6.1	12.2	14.0
	最大	21.7	22.7	128.8	242.5	104.0	94.5	17.0	18.9	29.4	28.5
10月上旬	平均	14.3	15.8	19.4	30.0	48.9	39.1	10.1	12.2	19.9	21.2
	最小	7.6	9.9	0	0	3.6	0	2.7	5.8	11.5	14.4
	最大	23.3	22.2	124.3	198.2	103.9	88.1	16.9	18.0	31.6	29.5

续表

主产区		旬平均气温/℃		旬降水量/mm		旬日照时数/h		旬平均最低气温/℃		旬平均最高气温/℃	
		关中渭北	陕南	关中渭北	陕南	关中渭北	陕南	关中渭北	陕南	关中渭北	陕南
10月中旬	平均	12.2	14.0	24.0	27.6	41.2	29.9	8.4	10.8	17.6	18.9
	最小	4.3	7.3	0	0	0	0	0.8	5.1	6.5	9.9
	最大	18.4	19.9	133.8	136.7	97.7	83.8	14.7	16.5	25.6	26.9
10月下旬	平均	9.9	12.0	9.7	15.3	60.9	46.7	5.5	8.2	16.1	17.9
	最小	3.6	6.2	0	0	14.3	0	−2.8	0.3	9.1	12.2
	最大	16.8	17.3	70.1	100.2	106.6	99.7	12.8	14.8	23.0	23.5
11月上旬	平均	8.0	10.4	6.9	11.5	54.0	41.0	3.2	6.2	14.5	16.7
	最小	1.3	3.2	0	0	2.8	8.8	−4.7	−0.6	4.9	7.4
	最大	13.9	14.3	43.3	67.8	95.6	95.5	9.3	12.2	22.1	23.8
11月中旬	平均	4.7	7.7	6.9	10.3	51.5	37.0	0.6	4.0	10.6	13.3
	最小	−5.8	−2.1	0	0	3.5	0	−10.3	−5.3	−1.0	2.7
	最大	10.2	12.5	78.1	153.3	91.4	83.7	6.8	10.2	17.4	20.0

续表

主产区		旬平均气温/℃		旬降水量/mm		旬日照时数/h		旬平均最低气温/℃		旬平均最高气温/℃	
		关中渭北	陕南	关中渭北	陕南	关中渭北	陕南	关中渭北	陕南	关中渭北	陕南
11月下旬	平均	2.8	6.2	3.3	4.4	49.4	34.7	−1.2	2.5	8.7	11.7
	最小	−3.6	−0.8	0	0	0	0	−9.8	−5.2	−0.7	3.3
	最大	7.9	11.9	37.1	35.0	86.7	84.3	6.1	9.9	16.1	18.2
12月上旬	平均	0.8	4.4	1.6	2.7	53.0	36.1	−3.3	0.5	6.7	9.9
	最小	−7.0	−1.7	0	0	0	0	−12.4	−6.6	−1.4	2.4
	最大	6.9	9.4	25.7	27.4	87.7	84.1	2.6	6.8	15.6	17.1
12月中旬	平均	−0.6	2.9	1.7	2.8	50.6	35.6	−4.7	−0.9	5.3	8.5
	最小	−7.7	−3.9	0	0	0	0	−13.4	−9.2	−5.0	−0.8
	最大	4.4	7.7	25.1	23.6	89.5	85.5	1.0	4.4	12.9	17.0
12月下旬	平均	−1.5	1.9	1.8	3.3	56.4	41.3	−5.8	−2.0	4.3	7.6
	最小	−10.9	−6.6	0	0	0	0	−15.7	−10.1	−7.2	−1.6
	最大	5.5	7.2	22.9	24.4	96.7	89.5	1.8	4.8	13.6	16.5

6.5 陕西核桃农业气象周年服务重点

<table>
<tr><th>月份</th><th>旬</th><th>区域</th><th>物候期</th><th colspan="2">主要农时与农事</th><th>重点关注气象要素</th><th>主要农业气象灾害及影响特征</th></tr>
<tr><td rowspan="2">3月</td><td>上中旬</td><td>关中渭北</td><td rowspan="2">萌芽期</td><td>1. 栽植</td><td>①“四大一膜”栽植：大穴(长、宽、深各1米)，大苗(良种嫁接苗地径1.0 cm以上、苗高60 cm以上)，大肥(第穴施农家肥20～50 kg、磷肥2～3 kg)，大水(栽后每株浇定根水2桶)，一膜(水渗完后覆土，并用地膜覆盖)</td><td rowspan="5">最低气温 T_{min}，花期冻害：$0 \leqslant T_{min} < 2$ ℃(轻度)；$-2 \leqslant T_{min} < 0$ ℃(中度)；$T_{min} < -2$ ℃(重度)；大风、沙尘；连阴雨</td><td rowspan="5">花期冻害：花芽、叶芽、雄花、雌花受冻萎蔫，幼枝、新梢受冻干枯，受冻严重时全部冻坏冻死，核桃绝收；
大风、沙尘：影响昆虫活动、传粉，使空气湿度降低，柱头变干，花粉不能发芽；
连阴雨：花粉失去活力，蜜蜂活动受限，影响果花授粉受精，降低座果率</td></tr>
<tr><td>上旬</td><td>陕南</td><td>2. 播种</td><td>②开沟点播，播前催芽处理，床土要细，株行距15 cm×60 cm，下种时缝合线与地面垂直，种尖朝向一侧，覆土5～10 cm，并用稻草和地膜覆盖</td></tr>
<tr><td rowspan="3">4月</td><td rowspan="3">全旬</td><td rowspan="3">全区</td><td rowspan="3">萌芽、开花、展叶期</td><td>1. 高接换头</td><td>①高接换头采用插皮接或插皮舌接法，砧木粗度2～10 cm为宜，接穗应选择良种树外围充实健壮的发育枝，接后要绑紧接口，注意保湿</td></tr>
<tr><td>2. 防治病虫害</td><td>②在主干和主枝的中下部喷3波美度石硫合剂，防治溃疡病和腐烂病</td></tr>
<tr><td>3. 防霜冻</td><td>③注意收听天气预报，在霜冻来临的当晚凌晨，采用熏烟法进行防冻</td></tr>
</table>

续表

月份	旬	区域	物候期	主要农时与农事		重点关注气象要素	主要农业气象灾害及影响特征
5月	上中旬	关中渭北	座果期	1. 补施水肥	①采用“穴贮肥水法”，每树补水25 kg和氮肥0.5 kg	冰雹；干旱	大风、冰雹等强对流天气造成机械性落叶、落果，枝条受损
	中下旬	陕南		2. 接后管理	②苗木接后20～30 d，应除去砧木萌条，检查接穗情况，风大的地方要及时摘心，或绑立柱，以防风折		
				3. 防治病虫害	③喷50%的辛硫磷乳油2000倍液，或20%的速灭杀丁3000～4000倍液，防治木橑尺蠖幼虫危害		
6月	全旬	全区	果实膨大期	1. 芽接	①苗木和高接树补接在麦黄期采用芽接法，接穗随采随接，避免长距离运输造成失水和损伤。接后保留3～5片复叶，15～20 d及时除萌，必要时绑防风杆	最高气温T_{max}，高温热害：$35 \leqslant T_{max} < 38$ ℃（3～4 d）（轻度）；$35 \leqslant T_{max} < 38$ ℃（5～8 d）（中度）；$35 \leqslant T_{max} < 38$ ℃（9 d及以上）或38 ℃$\leqslant T_{max}$（2 d及以上）（重度）；干旱；暴雨；大风；冰雹	高温热害：造成日灼，轻度灼伤在果皮上出现圆形黄褐色病斑，日灼严重时斑块变黑，干枯下陷，引起果实发育不良或脱落，枝条受日灼后表皮干枯或整枝枯死；干旱：造成新梢、叶片出现萎蔫，果实总苞出现皱缩，出现落叶、落果现象，果实发育不良，产量、品质下降，严重时大面积减产；夏季短时暴雨、冰雹、大风等强对流天气造成核桃机械性落果，严重减产
				2. 监控病虫害	②监测举肢蛾、小吉丁虫等害虫的发生规律，每隔10～15 d喷一次10%氯氰菊脂乳油1500～2500倍液，予以消灭		
				3. 及时补水	③天气干旱时，可根据情况进行沟灌、喷灌、穴灌或穴贮肥水法进行补水		

续表

月份	旬	区域	物候期	主要农时与农事		重点关注气象要素	主要农业气象灾害及影响特征
7月	全旬	全区	果实硬核、花芽分化期	1. 补接	①检查芽接成活情况，及时补接（方法同上），补接苗木要有充足的光照和空间	最高气温 T_{max}，高温热害：35≤T_{max}＜38 ℃（3～4 d）（轻度）；35≤T_{max}＜38 ℃（5～8 d）（中度）；35≤T_{max}＜38 ℃（9 d及以上）或38 ℃≤T_{max}（2 d及以上）（重度）；干旱；暴雨；大风；冰雹	高温热害：造成日灼，轻度灼伤在果皮上出现圆形黄褐色病斑，日灼严重时斑块变黑，干枯下陷，引起果实发育不良或脱落，枝条受日灼后表皮干枯或整枝枯死；干旱：造成新梢、叶片出现萎蔫，果实总苞出现皱缩，出现落叶、落果现象，果实发育不良，产量、品质下降，严重时大面积减产；夏季短时暴雨、冰雹、大风等强对流天气造成核桃机械性落果，严重减产
				2. 夏季修剪	②去除病虫枝、过密枝、重叠枝、直立枝，对枝量少的树的枝条进行摘心		
				3. 松土除草	③保持园地土壤疏松，无杂草		
8月	上中旬	关中渭北	核仁充实期	1. 病虫害防治	①采用人工捕杀和黑光灯诱杀等方法，消灭木橑尺蠖、银杏大蚕蛾等为害成虫。喷1次1∶2∶200的波尔多液，或50%甲基托布津可湿性粉剂900倍液，防治核桃褐斑病		
				2. 排水	②本月降雨较多，对园内易积水的地方，应挖排水沟进行排水。天晴后，及时松土除草，保障土壤透水、透气		
	上旬	陕南		3. 拣拾落果	③及时捡拾病虫落果，并深埋		

续表

月份	旬	区域	物候期	主要农时与农事		重点关注气象要素	主要农业气象灾害及影响特征
9月	上中旬	关中渭北	果实成熟期	1. 果实采收	①当果实青皮有5%～30%裂口时，即可采收。采收后应及时脱青皮并晾晒，以防霉变	连阴雨：连阴3～5 d（轻度）；连阴6～9 d（中度）；连阴10 d以上（重度）	连阴雨造成核桃病害加重，影响成熟收获，不能及时脱皮晾晒，影响产量、品质，阴雨时间越长，危害越重
	上中旬	陕南		2. 秋季施肥	②施肥方法采用深60 cm、宽30～40 cm环状或放射状沟，每树施2.5～5 kg鸡粪或牛羊粪		
				3. 早期落叶病防治	③及时清除病叶枯梢，集中烧毁，减少病源，发病时可喷洒石硫合剂进行防治		
10月	上旬	关中渭北	落叶前期	1. 补施基肥	①9月未施基肥的可进行补施，方法同上月，切记不可施氮肥和浇水	气温：＜8 ℃或≥12 ℃；空气湿度：＜60%或≥80%；风速：＞11 m/s	果树抗寒能力降低，未能正常进入深度休眠期，生长规律受扰
	上中旬	陕南		2. 控制病虫	②防治核桃腐烂病、枝枯病、溃疡病：刮除病斑，刮口涂抹50%甲基托布津或3波美度石硫合剂或10%碱水消毒伤口，树干涂白防冻		

续表

月份	旬	区域	物候期	主要农时与农事		重点关注气象要素	主要农业气象灾害及影响特征
11月	上旬	关中渭北	落叶期	1. 整形修剪	①早实品种可剪成自然开心形,晚实品种可剪成疏散分层形,旺树尽量多留少剪,弱树可多回缩或重剪,对病虫枝和未木质化的枝条应及时剪除	气温:<8 ℃或≥12 ℃;空气湿度:<60%或≥80%;风速:>11 m/s	果树抗寒能力降低,未能正常进入深度休眠期,生长规律受扰
	上中旬	陕南		2. 清扫果园	②清除枯枝病叶并深埋或焚烧		
				3. 水肥管理	③忌浇水或施氮肥,避免引起徒长		
12月—2月	全旬	全区	休眠期	1. 整形修剪	①弱树重剪,旺树轻剪或不剪,去除枯枝、病枝等	最低气温 T_{min},越冬冻害:$-25 \leqslant T_{min} < -20$ ℃(轻度冻害);$-30 \leqslant T_{min} < -25$ ℃(中度冻害);$T_{min} < -30$ ℃(重度冻害)	冻害造成秋梢失水抽干,幼树根颈部形成层受冻后先产生环状褐色坏死病斑,以后皮层变褐腐烂,流出黑水;严重时造成核桃主干受冻后产生纵向裂纹,部分主枝及多年生大枝死亡,当年大量减产,甚至绝收
				2. 深翻扩盘	②沿树木须根分布区边缘向外扩翻,挖宽40~50 cm、深60 cm左右半圆形或圆形的沟,扩出树盘,同时捡出土中幼虫或卵块,集中消灭		
				3. 采集贮藏接穗	③在发芽前20 d采集接穗,接穗要采集树冠外围发育枝,采后封蜡,在凉湿适中的山洞或地窖中贮藏,上覆湿稻草或湿麻袋		
				4. 种子沙藏	④选择通风阴凉处,对种子进行沙藏处理		
				5. 树干涂白	⑤将树干1.3 m以下部分涂白,防止受冻(配方为水:生石灰:食盐:硫磺粉:动物油=100:30:2:1:1)		

第7章　陕西茶树气象服务

茶树是亚热带常绿经济作物，喜温暖湿润气候。

温度是影响茶树生长、发育、产量、品质及其分布的主要气候生态因子之一。一般认为，在茶树生长程中，当日平均气温稳定在10 ℃左右时，中小叶型茶树茶芽就开始萌动，15～20 ℃时生长旺盛，当日平均气温上升到30 ℃（或日最高气温超过35 ℃）以上时，芽、叶的生长受到抑制，茶树的质量和产量明显下降。茶树对低温较敏感，主要表现为早春霜冻和冬季冻害。前者主要表现是春季气温回升，茶树萌芽后对低温的抵抗能力降低，当气温低于0 ℃会常常使茶树枝叶受冻；后者主要表现是遭受冬季冻害会影响茶芽的正常萌动，对于小叶种茶树来说，在年极端最低气温平均值高于－10 ℃的地区，茶树基本都能安全越冬；当极端最低气温在－10～－12 ℃时，茶树就会遭受轻微冻害；当极端最低气温在－12～15 ℃时，茶树会遭受一般冻害；当极端最低气温低于－15 ℃，发生严重冻害，产量明显受影响，重者甚至死亡。

茶树根系深广、枝叶繁茂，在其生育过程中需要消耗大量的水分，因此，降水也是影响茶树生长的主要气候条件之一。茶树生长期间，一般年平均降水量在1000 mm左右，生长季节月降水量在100 mm以上，就能满足茶树生长的需要（梁铁 等，2011）；茶树对空气湿度的要求较高，一般在70％以上，高湿度的空气能把太阳光的直射光部分转变为漫射光，使茶树新梢内含物丰富，持嫩性好。

茶树是一种短日照、耐阴植物，较怕强日光直射，在适度的射光条件下，茶树能良好的生长，但光照严重不足则会影响茶树的光合作用，不利于有机物质积累，影响茶叶品质。

7.1 陕西茶叶产量与面积、种植基地县

2006—2020 年陕西茶叶产量与面积、种植基地县 *

年份	全省总面积、总产量		主产地面积、产量					
			汉中		安康		商洛	
	面积/hm²	产量/t	面积/hm²	产量/t	面积/hm²	产量/t	面积/hm²	产量/t
2006	62942	12827	34632	7450	21492	4696	6818	681
2007	67333	14400	36688	8367	22989	5322	7656	711
2008	69056	16025	36719	9167	22784	6046	9553	812
2009	78115	20153	41508	11661	23908	7357	12699	1135
2010	85379	25052	43839	14969	26169	8480	15371	1603
2011	90786	28430	46323	17092	27530	9489	16926	1849
2012	97137	35195	49874	22735	28870	10516	18386	1944
2013	109745	40656	57802	26370	31784	12125	20143	2161

* 数据来源于《陕西统计年鉴》。

续表

年份	全省总面积、总产量		主产地面积、产量					
			汉中		安康		商洛	
	面积/hm^2	产量/t	面积/hm^2	产量/t	面积/hm^2	产量/t	面积/hm^2	产量/t
2014	121387	49128	63787	33025	36523	13763	21071	2340
2015	127540	54854	65938	35639	39549	16496	22053	2719
2016	136137	62136	66771	39056	44819	20088	24540	2992
2017	146457	67652	69436	39780	50118	23605	26897	4259
2018	135893	71038	71305	41760	51234	24758	13354	4520
2019	145164	79264	73863	45431	56608	30060	14694	3773
2020	152722	86965	75017	49096	61694	33777	16011	4092

陕西茶叶种植基地县

茶区	地市	基地县
陕南茶树种植区	汉中	西乡、宁强、勉县、南郑、城固、镇巴、汉台、略阳、洋县
	安康	平利、紫阳、汉滨、岚皋、汉阴、石泉、白河、旬阳、镇坪
	商洛	商南、镇安、山阳、丹凤

7.2 陕西茶叶物候历、物候期气象条件与指标

陕西茶树物候历(旬/月)(李再刚,1984)

主产区	萌发开采期	春茶采摘期	整园修剪期	夏茶采摘期	旺长期	秋茶采摘期	停采期	越冬休眠期
陕南茶区	上/3—下/3	上/4—下/4	上/5—下/5	上/6—下/6	上/7—下/8	上/9—下/9	上/10—下/11	上/12—次年下/2

陕西茶树物候期气象条件与指标

物候期	主产区	有利气象条件	不利气象条件	气候背景
萌发开采期	陕南茶区	平均气温:10 ℃左右	平均气温≤7 ℃;日最低气温≤−6 ℃	平均气温:7.3～10.7 ℃;日最低气温:2.7～6.3 ℃;降水量:21.2～40.0 mm;空气相对湿度:60%～77%;日照时数:86.0～143.5 h
春茶采摘期		平均气温15～20 ℃;月降水量≥100 mm;空气相对湿度≥70%	平均气温≤10 ℃;日最低气温≤0 ℃;空气相对湿度≤60%;月降水量≤50 mm	平均气温:12.9～16.6 ℃;平均最低气温:8.0～11.6 ℃;极端最低气温:−4.2～0.4 ℃;降水量:42.6～80.1 mm;空气相对湿度:61%～77%;日照时数:120.9～174.1 h

续表

物候期	主产区	有利气象条件	不利气象条件	气候背景
整园修剪期	陕南茶区	平均气温15～25 ℃;月降水量≥100 mm;空气相对湿度≥70%	平均气温≥30 ℃或日最高气温≥35 ℃;空气相对湿度≤60%;月降水量≤50 mm	平均气温:16.6～21.0 ℃;平均最高气温:22.8～27.3 ℃;降水量:64.1～142.5 mm;空气相对湿度:66%～77%;日照时数:144.2～191.2 h
夏茶采摘期	陕南茶区	平均气温15～25 ℃;月降水量≥100 mm;空气相对湿度≥70%	平均气温≥30 ℃或日最高气温≥35 ℃;空气相对湿度≤60%;月降水量≤50 mm;日降水量≥100 mm	平均气温:19.9～24.8 ℃;平均最高气温:25.8～30.6 ℃;极端最高气温:32.5～37.3 ℃;降水量:86.6～160.8 mm;空气相对湿度:68%～78%;日照时数:138.9～190.4 h
旺长期	陕南茶区	平均气温20～30 ℃;月降水量≥100 mm;空气相对湿度≥70%;日较差10 ℃以上;晴间多云天气	平均气温≥30 ℃或日最高气温≥35 ℃;空气相对湿度≤60%;月降水量≤50 mm;日降水量≥100 mm	平均气温:22.0～26.7 ℃;平均最高气温:27.6～32.0 ℃;极端最高气温:33.1～37.7 ℃;降水量:258.3～473.0 mm;空气相对湿度:75%～83%;日照时数:307.6～400.8 h
秋茶采摘期	陕南茶区	平均气温15～25 ℃;月降水量≥100 mm;空气相对湿度≥70%	月降水量≤50 mm;日降水量≥100 mm	平均气温:17.5～21.7 ℃;平均最低气温:14.1～18.3;降水量:121.1～190.0 mm;空气相对湿度:78%～87%;日照时数:95.3～134.2 h

续表

物候期	主产区	有利气象条件	不利气象条件	气候背景
停采期	陕南茶区	平均气温 10～14 ℃	最低气温≤－10 ℃	平均气温：10.2～13.1 ℃；平均最低气温：5.7～10.1 ℃；降水量：71.5～150.7 mm；日照时数：153.3～283.0 h
越冬休眠期		平均气温 2～6 ℃	最低气温≤－10 ℃	平均气温：2.2～5.1 ℃；平均最低气温：－2.4～1.7 ℃；极端最低气温：－9.9～－4.2 ℃；降水量：16.6～45.2 mm；日照时数：187.0～412.5 h

7.3 陕西茶树生长主要气象灾害

低温冻害是茶叶生产的主要气象灾害之一，主要表现为早春霜冻和冬季冻害。前者主要表现是春季气温回升，茶树萌芽后对低温的抵抗能力降低，当气温低于 0 ℃会常常使茶树枝叶受冻；后者主要表现是遭受冬季冻害会影响茶芽的正常萌动，对于小叶种茶树来说，在年极端最低气温平均值高于－10 ℃的地区，茶树基本都能安全越冬；当极端最低气温在－10～－12 ℃时，茶树就会遭受轻微冻害；当极端最低气温在－12～15 ℃时，茶树会遭受一般冻害；当极端最低气温低于－15 ℃，发生严重冻害，产量明显受影响，重者甚至死亡。

陕西茶叶产区主要气象灾害

灾害类型	发生时段	影响生育期	灾害指标	灾害症状	灾害典型年
早春霜冻	中/3—下/4	萌芽开采期、春茶采摘期	日最低气温≤0 ℃	晚春时节，茶树进入积极生长期，遇早春霜冻害，会使茶树的顶芽、腋芽受损或停止萌发，且后发出来的春茶芽叶由于冻伤消耗大量养分常常又稀又瘦，从而严重影响茶树的产量和品质	
高温伏旱	上/7—下/8	旺长期	轻度：月降水量偏少20%以上且日最高气温≥35 ℃持续日数1～3 d	在伏旱天气中，茶园内蒸腾蒸发增强，土壤水分和茶树植株内的水分散失很快，收支难以平衡，受其影响，茶树芽、叶的生长受到抑制，茶树的质量和产量将会明显下降	2016年
			中度：月降水量偏少20%以上且日最高气温≥35 ℃持续日数4～5 d		
			重度：月降水量偏少20%以上且日最高气温≥35 ℃持续日数≥6 d		
暴雨洪涝	下/6—上/10	夏茶采摘期、旺长期、起茶采摘期	轻度：日降水量≥100 mm	果园积水易，造成茶树新梢卷缩、焦枯，叶片失绿、干枯或脱落，或使根系因缺氧而死亡，导致烂根死树等，严重时致使茶园、茶树冲毁淹没	2015年
			中度：日降水量≥150 mm		
			重度：日降水量≥200 mm		
越冬冻害	上/12—次年下/2	越冬休眠期	轻度：日最低气温−12～−10 ℃	冬季遇低于−10 ℃低温，致使茶树树体、冬芽冻伤甚至冻死	2016年
			中度：日最低气温−15～−12 ℃		
			重度：日最低气温≤−15 ℃		

7.4 陕西茶叶农业气候资源

气候因素是决定茶叶品质优劣的关键。一般年均气温在13 ℃以上，全年大于10 ℃的积温3000～4500 ℃以上（李倬，2005），年最低气温多年均值在−10 ℃以上的地区，可以种植。日均气温稳定过10 ℃时，茶树开始萌发，当气温在20～30 ℃，茶树生长旺盛。气温大于35 ℃，则新梢生长缓慢，若空气湿度很低时，茶树停长，这种高温低湿天气连续几天，会灼伤嫩枝叶。秋季当气温下降至10 ℃以下，秋梢将停长。在有水分供应下，大于10 ℃年活动积温愈高，年采茶次数多，产量越高。

陕西茶叶产区稳定通过界限温度与积温

稳定通过温度	区域	积温/(℃·d)			始期(日/月)			终期(日/月)			持续天数/d		
		平均	最大	最小	平均	最晚	最早	平均	最晚	最早	平均	最长	最短
0 ℃	陕南茶区	5228	6332	3988	1月13日	3月23日	1月1日	12月27日	12月31日	11月14日	349	366	269
	汉中茶区	5164	5772	4444	1月10日	2月26日	1月1日	12月28日	12月31日	11月30日	353	366	307
	安康茶区	5414	6332	3988	1月11日	3月23日	1月1日	12月28日	12月31日	11月14日	352	366	269
	商洛茶区	4955	5404	4484	1月25日	2月27日	1月1日	12月23日	12月31日	11月17日	333	366	284

续表

稳定通过温度	区域	积温/(℃·d)			始期(日/月)			终期(日/月)			持续天数/d		
		平均	最大	最小	平均	最晚	最早	平均	最晚	最早	平均	最长	最短
5 ℃	陕南茶区	4932	6222	3791	2月28日	4月3日	1月18日	11月30日	12月31日	11月3日	276	347	225
	汉中茶区	4868	5453	4061	2月27日	4月3日	1月23日	11月28日	12月21日	11月7日	276	310	225
	安康茶区	5109	6222	3791	2月25日	3月30日	1月18日	12月4日	12月31日	11月3日	283	347	226
	商洛茶区	4681	5114	4208	3月7日	3月28日	2月4日	11月24日	12月16日	11月5日	263	305	233
10 ℃	陕南茶区	4435	5623	3146	3月30日	5月6日	3月1日	11月4日	12月1日	10月1日	220	270	165
	汉中茶区	4372	5096	3504	3月30日	5月1日	3月7日	11月4日	11月24日	10月8日	219	256	174
	安康茶区	4590	5623	3146	3月28日	5月6日	3月1日	11月7日	12月1日	10月1日	225	270	165
	商洛茶区	4228	4703	3629	4月2日	4月29日	3月3日	10月31日	11月19日	10月15日	213	245	174
15 ℃	陕南茶区	3660	4772	1920	4月26日	5月30日	3月25日	10月7日	11月12日	8月18日	165	210	90
	汉中茶区	3613	4502	2568	4月26日	5月24日	4月1日	10月7日	10月30日	9月12日	164	209	122
	安康茶区	3811	4772	1920	4月24日	5月30日	3月25日	10月9日	11月12日	8月18日	169	210	90
	商洛茶区	3425	4166	2790	4月30日	5月23日	4月7日	10月2日	10月24日	9月13日	156	189	126

续表

稳定通过温度	区域	积温/(℃·d)			始期(日/月)			终期(日/月)			持续天数/d		
		平均	最大	最小	平均	最晚	最早	平均	最晚	最早	平均	最长	最短
20 ℃	陕南茶区	2366	3811	352	6月2日	8月2日	4月19日	9月6日	10月11日	7月18日	97	153	16
	汉中茶区	2302	3414	697	6月4日	7月21日	5月6日	9月6日	9月26日	8月7日	95	142	31
	安康茶区	2505	3811	352	5月31日	8月2日	4月19日	9月9日	10月11日	7月18日	101	153	16
	商洛茶区	2198	2887	1345	6月4日	7月7日	5月15日	9月2日	9月25日	8月10日	92	121	59

陕西茶叶产区无霜期

区域	初霜日(日/月)			终霜日(日/月)			无霜期/d		
	平均	最早	最晚	平均	最早	最晚	平均	最长	最短
陕南茶区	11月13日	10月6日	12月16日	3月19日	2月10日	4月26日	237	295	180
汉中茶区	11月12日	10月8日	12月15日	3月18日	2月10日	4月25日	238	289	181
安康茶区	11月18日	10月14日	12月16日	3月16日	2月18日	4月26日	245	295	180
商洛茶区	11月3日	10月6日	11月30日	3月29日	3月5日	4月26日	218	259	180

陕西茶叶产区气象要素年值

区域		陕南茶区	汉中茶区	安康茶区	商洛茶区
年平均气温/℃	平均	14.3	14.1	14.8	13.6
	最大	15.7	14.7	15.7	13.9
	最小	12.2	12.9	12.2	13.1
年降水量/mm	平均	878.9	903.9	903.4	767.5
	最大	2022.9	2022.9	1679.3	1307.8
	最小	441.5	441.5	463.7	483.1
年日照时数/h	平均	1581.9	1453.7	1597.0	1836.2
	最大	2312.2	2010.6	2080.0	2312.2
	最小	752.1	752.1	898.1	1359.1
年平均最低气温/℃	平均	10.3	10.3	10.9	8.9
	最大	12.9	12.3	12.9	10.0
	最小	7.4	8.4	7.7	7.4
年平均最高气温/℃	平均	19.8	19.3	20.2	19.9
	最大	23.3	21.6	23.3	21.6
	最小	16.1	16.6	16.1	17.7

续表

区域		陕南茶区	汉中茶区	安康茶区	商洛茶区
年极端最低气温/℃	平均	−6.4	−6.4	−5.3	−8.9
	最大	−2.4	−2.9	−2.4	−5.9
	出现年份	2000(紫阳)	1990(汉中)	2000(紫阳)	1989(镇安)
	最小	−16.4	−12.2	−15.4	−16.4
	出现年份	1991(山阳)	1991(镇巴)	1991(镇坪)	1991(山阳)
年极端最高气温/℃	平均	36.9	35.9	37.7	37.1
	最大	43.1	40.1	43.1	41.7
	出现年份	2006(旬阳)	1995(西乡)	2006(旬阳)	2006(丹凤)
	最小	32.0	32.0	32.2	32.4
	出现年份	1983(宁强)	1983(宁强)	1987(镇坪)	1965(镇安)
年最大积雪深度/cm	平均	4.6	3.4	4.7	7.1
	最大	35	29	35	30
	最小	0	0	0	0
年平均风速/(m/s)	平均	1.3	1.1	1.4	1.4
	最大	3.1	2.0	3.0	3.1
	最小	0.4	0.4	0.5	0.8
年大风天数	平均	3	1	3	5
	最多	32	13	22	32
	最少	0	0	0	0

陕西茶叶产区气象要素季值

气象要素	区域	春季			夏季			秋季			冬季		
		平均	最大	最小	平均	最大	最小	平均	最大	最小	平均	最大	最小
季平均气温/℃	陕南茶区	14.7	16.1	12.3	24.3	26.0	21.3	14.5	15.9	12.6	3.8	5.1	2.2
	汉中茶区	14.5	15.1	13.3	24.0	24.8	22.5	14.3	14.8	13.0	3.7	4.1	2.8
	安康茶区	15.1	16.1	12.3	24.7	26.0	21.3	15.1	15.9	12.6	4.4	5.1	2.6
	商洛茶区	14.1	14.3	13.6	23.8	24.1	23.6	13.7	14.2	13.2	2.8	3.3	2.2
季降水量/mm	陕南茶区	181.8	473.0	47.2	430.5	1352.8	94.5	237.3	809.3	38.7	29.2	150.8	0.2
	汉中茶区	179.2	473.0	47.2	440.2	1352.8	161.0	256.8	809.3	64.9	27.6	116.1	0.2
	安康茶区	197.3	382.7	78.7	440.2	853.6	94.5	234.9	600.9	43.9	31.1	150.8	1.0
	商洛茶区	153.0	277.3	50.2	386.9	752.1	170.3	198.8	518.2	38.7	28.8	145.7	0.2
季日照时数/h	陕南茶区	440.7	711.1	212.8	528.0	801.9	196.8	322.8	628.2	89.0	290.4	559.9	81.7
	汉中茶区	417.6	629.0	223.0	510.5	776.7	196.8	281.6	483.2	89.0	243.9	449.6	81.7
	安康茶区	438.6	637.5	212.8	540.8	801.9	274.4	328.9	592.0	135.8	288.8	491.8	115.5
	商洛茶区	497.4	711.1	337.4	538.6	765.7	313.8	401.7	628.2	243.2	398.6	559.9	249.3

续表

气象要素	区域	春季			夏季			秋季			冬季		
		平均	最大	最小	平均	最大	最小	平均	最大	最小	平均	最大	最小
季平均最低气温/℃	陕南茶区	9.8	18.5	0.4	20.1	25.1	14.1	11.0	20.5	0.6	0.2	6.3	−5.7
	汉中茶区	9.9	17.2	1.9	20.0	24.1	15.9	11.1	19.4	1.9	0.3	5.6	−3.3
	安康茶区	10.4	18.5	0.8	20.6	25.1	14.1	11.7	20.5	2.0	0.9	6.3	−4.3
	商洛茶区	8.5	16.0	0.4	19.3	22.9	15.2	9.4	17.8	0.6	−1.6	3.5	−5.7
季平均最高气温/℃	陕南茶区	20.9	32.2	7.8	29.8	36.7	23.4	19.6	30.6	9.4	8.9	16.7	2.3
	汉中茶区	20.5	30.4	7.8	29.3	34.6	24.2	19.0	28.0	9.4	8.5	14.7	2.4
	安康茶区	21.2	32.2	8.5	30.3	36.7	23.4	20.0	30.6	9.8	9.3	16.7	2.3
	商洛茶区	20.9	30.8	9.5	29.8	34.3	25.6	19.9	28.2	11.1	9.0	15.4	3.6

续表

气象要素	区域	春季			夏季			秋季			冬季		
		平均	最大	最小	平均	最大	最小	平均	最大	最小	平均	最大	最小
季极端最低气温及出现年份/℃	陕南茶区	−1.4	14.4	−7.7	14.0	23	7.5	−1.0	16.8	−9.7	−6.4	2.7	−16.4
			2000.05.28（旬阳）	1983.03.05；1992.03.05（山阳）		2013.07.30（旬阳）	1980.06.02；1980.06.02（略阳；镇坪）		2014.09.20（安康）	1993.11.21（丹凤）		2009.02（3天以上，汉中）	1991.12.28（山阳）
	汉中茶区	−1.5	13.7	−5.7	14.1	21	7.5	−1.2	15.7	−6.8	−6.4	2.7	−12.2
			2010.05.10（汉中）	1995.03.04（洋县）		2012.07.05；2006.07.23（城固；汉中）	1980.06.02（略阳）		2005.09.27（西乡）	1969.11.29（略阳）		2009.02（汉中）	1991.12.28（镇巴）
	安康茶区	−0.5	14.4	−6.4	14.5	23	7.5	0.1	16.8	−5.9	−5.3	2.6	−15.4
			2000.05.28（旬阳）	1992.03.05（镇坪）		2013.07.30（旬阳）	1980.06.02（镇坪）		2014.09.20（安康）	1975.11.23（镇坪）		2009.02.06（安康）	1991.12.28（镇坪）
	商洛茶区	−3.2	11.1	−7.7	12.4	20.1	8	−3.2	14.4	−9.7	−8.9	−0.3	−16.4
			2000.05.07（商南）	1983.03.05（山阳）		2013.07.16（山阳）	1990.06.01（山阳）		1975.09.15（商南）	1993.11.21（丹凤）		2009.02.05（商南）	1991.12.28（山阳）

续表

气象要素	区域	春季			夏季			秋季			冬季		
		平均	最大	最小	平均	最大	最小	平均	最大	最小	平均	最大	最小
季极端最高气温及出现年份/℃	陕南茶区	29.4	14.4	−7.7	35.5	23.0	7.5	26.6	16.8	−9.7	15.8	2.7	−16.4
			2000.05.28（旬阳）	1983.03.05；1992.03.05（山阳）		2013.07.30（旬阳）	1980.06.02；1980.06.02（略阳；镇坪）		2014.09.20（安康）	1993.11.21（丹凤）		2009.02（3天以上，汉中）	1991.12.28（山阳）
	汉中茶区	28.5	13.7	−5.7	34.9	21.0	7.5	25.8	15.7	−6.8	14.8	2.7	−12.2
			2010.05.10（汉中）	1995.03.04（洋县）		2012.07.05；2006.07.23（城固、汉台）	1980.06.02（略阳）		2005.09.27（西乡）	1969.11.29（略阳）		2009.02（汉中）	1991.12.28（镇巴）
	安康茶区	30.1	14.4	−6.4	36.2	23.0	7.5	27.3	16.8	−5.9	16.4	2.6	−15.4
			2000.05.28（旬阳）	1992.03.05（镇坪）		2013.07.30（旬阳）	1980.06.02（镇坪）		2014.09.20（安康）	1975.11.23（镇坪）		2009.02.06（安康）	1991.12.28（镇坪）
	商洛茶区	30.0	11.1	−7.7	35.7	20.1	8.0	27.5	14.4	−9.7	16.9	−0.3	−16.4
			2000.05.07（商南）	1983.03.05（山阳）		2013.07.16（山阳）	1990.06.01（山阳）		1975.09.15（商南）	1993.11.21（丹凤）		2009.02.05（商南）	1991.12.28（山阳）

续表

气象要素	区域	春季			夏季			秋季			冬季		
		平均	最大	最小	平均	最大	最小	平均	最大	最小	平均	最大	最小
季平均风速/(m/s)	陕南茶区	1.5	3.5	0.5	1.3	3.1	0.4	1.1	3.0	0.3	1.3	3.6	0.3
	汉中茶区	1.3	2.6	0.6	1.1	2.1	0.4	1.0	1.9	0.3	1.1	2.1	0.3
	安康茶区	1.6	3.5	0.5	1.4	2.9	0.5	1.2	3.0	0.4	1.4	3.5	0.3
	商洛茶区	1.6	3.3	0.8	1.4	3.1	0.6	1.1	2.6	0.6	1.4	3.6	0.7
季大风天数/d	陕南茶区	0.3	9.0	0	0.3	6.0	0	0.1	5.0	0	0	6	0
	汉中茶区	0.2	4.0	0	0.2	5.0	0	0	2.0	0	0	2	0
	安康茶区	0.4	9.0	0	0.4	6.0	0	0.1	4.0	0	0	3	0
	商洛茶区	0.5	7.0	0	0.4	4.0	0	0.3	5.0	0	0	6	0

陕西茶叶产区气象要素月值(一)

气象要素		月平均气温/℃				月平均最低气温/℃				月平均最高气温/℃			
区域		陕南茶区	汉中茶区	安康茶区	商洛茶区	陕南茶区	汉中茶区	安康茶区	商洛茶区	陕南茶区	汉中茶区	安康茶区	商洛茶区
1月	平均	2.6	2.5	3.2	1.4	−1.0	−0.9	−0.3	−2.9	7.7	7.3	8.1	7.6
	最大	3.8	2.9	3.8	2.0	2.0	1.7	2.0	−0.9	13.1	11.1	13.1	12.2
	最小	0.8	1.6	1.4	0.8	−5.7	−3.3	−4.3	−5.7	2.3	2.4	2.3	3.6
2月	平均	5.1	5.1	5.6	4.0	1.2	1.4	1.8	−0.4	10.3	10.0	10.6	10.1
	最大	6.3	5.5	6.3	4.7	6.3	5.6	6.3	3.5	16.7	14.7	16.7	15.4
	最小	3.4	3.9	3.4	3.5	−4.6	−1.5	−2.5	−4.6	4.6	4.6	4.8	5.2
3月	平均	9.4	9.3	9.9	8.6	4.9	5.1	5.4	3.4	15.2	14.9	15.7	15.1
	最大	10.7	9.8	10.7	9.1	9.0	8.2	9.0	6.0	21.6	20.5	21.6	20.2
	最小	7.3	8.1	7.3	8.0	0.4	1.9	0.8	0.4	7.8	7.8	8.5	9.5
4月	平均	15.2	14.9	15.6	14.7	10.1	10.1	10.7	8.8	21.6	21.1	21.9	21.8
	最大	16.6	15.5	16.6	15.0	13.5	12.9	13.5	11.9	27.9	26.1	27.9	26.5
	最小	12.9	13.6	12.9	14.2	6.4	7.4	6.9	6.4	16.1	16.1	16.6	18.2

续表

气象要素		月平均气温/℃				月平均最低气温/℃				月平均最高气温/℃			
区域		陕南茶区	汉中茶区	安康茶区	商洛茶区	陕南茶区	汉中茶区	安康茶区	商洛茶区	陕南茶区	汉中茶区	安康茶区	商洛茶区
5月	平均	19.5	19.4	19.9	19.0	14.5	14.5	15.1	13.3	25.9	25.6	26.1	26.0
	最大	21.0	20.1	21.0	19.5	18.5	17.2	18.5	16.0	32.2	30.4	32.2	30.8
	最小	16.6	18.1	16.6	18.6	10.8	12.1	10.8	10.8	19.8	21.8	19.8	21.7
6月	平均	23.1	22.9	23.4	22.8	18.5	18.6	18.9	17.4	28.9	28.4	29.2	29.4
	最大	24.8	23.6	24.8	23.2	22.5	21.0	22.5	19.6	34.0	32.1	34.0	33.1
	最小	19.9	21.4	19.9	22.4	14.1	15.9	14.1	15.2	23.4	24.2	23.4	25.6
7月	平均	25.3	25.0	25.7	24.9	21.3	21.1	21.7	20.7	30.6	30.1	31.1	30.6
	最大	27.0	25.8	27.0	25.2	25.1	24.1	25.1	22.9	36.6	34.6	36.6	34.0
	最小	22.4	23.4	22.4	24.7	17.3	18.1	17.3	18.7	24.7	25.9	24.7	26.7
8月	平均	24.5	24.2	25.1	23.8	20.6	20.5	21.2	19.8	29.9	29.5	30.5	29.5
	最大	26.3	25.1	26.3	24.0	24.7	23.2	24.7	21.9	36.7	34.6	36.7	34.3
	最小	21.7	22.7	21.7	23.5	16.6	17.7	16.6	17.9	24.3	25.2	24.3	26.4

续表

气象要素		月平均气温/℃				月平均最低气温/℃				月平均最高气温/℃			
区域		陕南茶区	汉中茶区	安康茶区	商洛茶区	陕南茶区	汉中茶区	安康茶区	商洛茶区	陕南茶区	汉中茶区	安康茶区	商洛茶区
9月	平均	20.0	19.7	20.5	19.2	16.5	16.5	17.1	15.3	24.9	24.4	25.5	24.9
	最大	21.7	20.5	21.7	19.6	20.5	19.4	20.5	17.8	30.6	28.0	30.6	28.2
	最小	17.5	18.2	17.5	18.9	12.4	13.0	12.5	12.4	19.7	19.8	19.7	20.8
10月	平均	14.6	14.5	15.1	13.8	11.3	11.5	11.9	9.5	19.6	19.0	20.0	20.0
	最大	16.1	15.0	16.1	14.3	15.6	14.6	15.6	12.4	24.8	23.1	24.8	23.6
	最小	12.6	13.1	12.6	13.3	6.3	7.8	7.0	6.3	14.1	15.0	14.1	15.4
11月	平均	8.9	8.6	9.5	8.0	5.3	5.4	6.1	3.3	14.1	13.4	14.6	14.7
	最大	10.2	9.0	10.2	8.6	9.3	8.4	9.3	6.1	20.4	19.2	20.4	19.5
	最小	7.4	7.7	7.8	7.4	0.6	1.9	2.0	0.6	9.4	9.4	9.8	11.1
12月	平均	3.8	3.5	4.5	2.8	0.3	0.3	1.1	−1.5	8.8	8.2	9.3	9.2
	最大	5.1	4.2	5.1	3.3	3.6	3.2	3.6	1.0	13.2	12.0	13.2	13.1
	最小	2.2	2.8	2.9	2.2	−4.7	−2.5	−2.1	−4.7	3.8	3.8	4.2	4.4

陕西茶叶产区气象要素月值(二)

气象要素		月极端最低气温/℃及出现日期								月极端最高气温/℃及出现日期							
区域		陕南茶区		汉中茶区		安康茶区		商洛茶区		陕南茶区		汉中茶区		安康茶区		商洛茶区	
1月	平均	−5.7		−5.7		−4.7		−8.2		14.3		13.4		14.9		15.3	
	最大	−1.2	2015.01.28(旬阳)	−1.6	2010.01.12(汉中)	−1.2	2015.01.28(旬阳)	−4.5	2015.01.01(镇安)	22.5	2014.01.30(丹凤)	20.6	2007.01.29(略阳)	21.8	2014.01.30(镇坪)	22.5	2014.01.30(丹凤)
	最小	−15	1977.01.30(镇坪)	−11.3	1994.01.18(宁强)	−15	1977.01.30(镇坪)	−14.5	1967.01.16(山阳)	5.4	1977.01.14(略阳)	5.4	1977.01.14(略阳)	6.5	2011.01.12(镇坪)	8.5	1977.01.23(商南)
2月	平均	−3.8		−3.7		−3.0		−5.9		18.0		17.1		18.7		18.7	
	最大	2.7	2009.02(3天以上,汉中)	2.7	2009.02(3天以上,汉中)	2.6	2009.02.06(安康)	−0.3	2009.02.05(商南)	25.4	1978.02.27(略阳)	25.4	1978.02.27(略阳)	25.1	2010.02.25(旬阳)	24.1	2014.02.02(山阳)
	最小	−12.6	1980.02.05(镇安)	−9.8	1957.02.10(宁强)	−10.9	1964.02.25(镇坪)	−12.6	1980.02.05(镇安)	7.0	1964.02.29(略阳)	7.0	1964.02.29(略阳)	9.8	1972.02.10(镇坪)	7.6	1968.02.12(镇安)
3月	平均	−1.4		−1.5		−0.4		−3.2		24.7		23.6		25.5		25.7	
	最大	4	1973.03.15;1973.03.02(安康;岚皋)	3.4	2013.03.03(汉中)	4	1973.03.15;1975.03.02(安康;岚皋)	1.1	1961.03.09(商南)	34.9	2003.03.30(旬阳)	32.3	2003.03.30(西乡)	34.9	2003.03.30(旬阳)	32.7	2003.03.30(镇安)
	最小	−7.7	1983.03.05;1992.03.05(山阳)	−5.7	1995.03.04(洋县)	−6.4	1992.03.05(镇坪)	−7.7	1983.03.05(山阳)	14.2	1970.03.24(南郑)	14.2	1970.03.24(南郑)	17.9	1976.03.16(镇坪)	17.9	1970.03.28(镇安)

续表

气象要素		月极端最低气温/℃及出现日期								月极端最高气温/℃及出现日期							
区域		陕南茶区		汉中茶区		安康茶区		商洛茶区		陕南茶区		汉中茶区		安康茶区		商洛茶区	
4月	平均	4.0		4.1		4.5		2.3		30.3		29.3		31.1		30.9	
	最大	10	2014.04.27（安康）	9.1	2014.04.27（汉中）	10	2014.04.27（安康）	7	1999.04.04（商南）	38.4	2011.04.29（旬阳）	35.8	2011.04.29（西乡）	38.4	2001.04.29（旬阳）	36.6	2014.04.29（镇安;山阳）
	最小	−5.5	1969.04.04（镇安）	−3.9	1969.04.04（宁强）	−4	1969.04.05（镇坪）	−5.5	1969.04.04（镇安）	22.1	1990.04.14（勉县）	22.1	1990.04.14（勉县）	24.6	1990.04.14;1975.04.26（石泉;镇坪）	23.9	1964.04.22（镇安）
5月	平均	8.7		8.7		9.5		6.9		33.1		32.5		33.7		33.4	
	最大	14.4	2000.05.28（旬阳）	13.7	2010.05.10（汉中）	14.4	2000.05.28（旬阳）	11.1	2000.05.07（商南）		最大	14.4	2000.05.28（旬阳）	13.7	2010.05.10（汉中）	14.4	2000.05.28（旬阳）
	最小	−0.1	1958.05.13（镇安）	3.4	1962.05.09（略阳）	3.8	2004.05.05（镇坪）	−0.1	1958.05.13（镇安）		最小	−0.1	1958.05.13（镇安）	3.4	1962.05.09（略阳）	3.8	2004.05.05（镇坪）
6月	平均	14.1		14.3		14.7		12.4		35.3		34.6		35.7		35.9	
	最大	19.7	2002.06.10（旬阳）	18.5	2002.06.02（城固）	19.7	2002.06.10（旬阳）	15.5	2002.06.04（商南）		最大	19.7	2002.06.10（旬阳）	18.5	2002.06.02（城固）	19.7	2002.06.10（旬阳）
	最小	7.5	1980.06.02;1980.06.02（略阳;镇坪）	7.5	1980.06.02（略阳）	7.5	1980.06.02（镇坪）	8	1990.06.01（山阳）		最小	7.5	1980.06.02;1980.06.02（略阳;镇坪）	7.5	1980.06.02（略阳）	7.5	1980.06.02（镇坪）

续表

气象要素		月极端最低气温/℃及出现日期								月极端最高气温/℃及出现日期							
区域		陕南茶区		汉中茶区		安康茶区		商洛茶区		陕南茶区		汉中茶区		安康茶区		商洛茶区	
7月	平均	17.5		17.5		18.1		16.6		36.0		35.3		36.7		36.1	
	最大	23	2013.07.30（旬阳）	20.7	2012.07.05；2006.07.23（城固；汉中）	23	2013.07.30（旬阳）	20.1	2013.07.16（山阳）		最大	23	2013.07.30（旬阳）	20.7	2012.07.05；2006.07.23（城固；汉中）	23	2013.07.30（旬阳）
	最小	11.2	1983.07.16（镇坪）	11.9	1983.07.16（镇巴）	11.2	1983.07.16（镇坪）	12.7	1983.07.16（镇安）		最小	11.2	1983.07.16（镇坪）	11.9	1983.07.16（镇巴）	11.2	1983.07.16（镇坪）
8月	平均	16.2		16.2		16.9		14.9		35.4		34.7		36.3		35.0	
	最大	22	1967.08.16（白河）	21	1967.08.13；1967.08.17（汉中；洋县）	22	1967.08.16（白河）	19.9	1967.08.16（丹凤）		最大	22	1967.08.16（白河）	21	1967.08.13；1967.08.17（汉中；洋县）	22	1967.08.16（白河）
	最小	10	1969.08.27（山阳）	11.6	1956.08.31（略阳）	10.2	1965.08.20（镇坪）	10	1969.08.27（山阳）		最小	10	1969.08.27（山阳）	11.6	1956.08.31（略阳）	10.2	1965.08.20（镇坪）
9月	平均	11.7		12.0		12.3		9.5		32.1		31.4		32.8		32.2	
	最大	16.8	2014.09.20（安康）	15.7	2005.09.27（西乡）	16.8	2014.09.20（安康）	14.4	1975.09.15（商南）		最大	16.8	2014.09.20（安康）	15.7	2005.09.27（西乡）	16.8	2014.09.20（安康）
	最小	3.6	1970.09.30（镇安）	5.6	1958.09.28（宁强）	5.2	1972.09.25（镇坪）	3.6	1970.09.30（镇安）		最小	3.6	1970.09.30（镇安）	5.6	1958.09.28（宁强）	5.2	1972.09.25（镇坪）

续表

气象要素		月极端最低气温/℃及出现日期								月极端最高气温/℃及出现日期							
区域		陕南茶区		汉中茶区		安康茶区		商洛茶区		陕南茶区		汉中茶区		安康茶区		商洛茶区	
10月	平均	5.2		5.3		6.2		2.8		26.5		25.6		27.1		27.4	
	最大	12.4	2009.10.23; 2009.10.23 (安康;旬阳)	10.9	2009.10.23 (汉中)	12.4	2009.10.23 (安康)	8.7	1964.10.18 (商南)		最大	12.4	2009.10.23; 2009.10.23 (安康;旬阳)	10.9	2009.10.23 (汉中)	12.4	2009.10.23 (安康)
	最小	−4.1	1986.10.29 (山阳)	−2.8	1986.10.29 (略阳)	−3.4	1986.10.29 (镇坪)	−4.1	1986.10.29 (山阳)		最小	−4.1	1986.10.29 (山阳)	−2.8	1986.10.29 (略阳)	−3.4	1986.10.29 (镇坪)
11月	平均	−1.0		−1.1		0.1		−3.2		21.3		20.2		21.9		22.8	
	最大	7.2	2011.11.20 (安康)	5.9	2011.11.09 (汉中)	7.2	2011.11.20 (安康)	2.8	2011.11.23 (商南)		最大	7.2	2011.11.20 (安康)	5.9	2011.11.09 (汉中)	7.2	2011.11.20 (安康)
	最小	−9.7	1993.11.21 (丹凤)	−6.8	1969.11.29 (略阳)	−5.9	1975.11.23 (镇坪)	−9.7	1993.11.21 (丹凤)		最小	−9.7	1993.11.21 (丹凤)	−6.8	1969.11.29 (略阳)	−5.9	1975.11.23 (镇坪)
12月	平均	−5.2		−5.3		−4.1		−7.5		15.1		14.1		15.5		16.7	
	最大	0.4	1998.12.16 (紫阳)	−1.1	1989.12.01 (汉中)	0.4	1998.12.16 (紫阳)	−3.2	2000.12.22 (镇安)		最大	0.4	1998.12.16 (紫阳)	−1.1	1989.12.01 (汉中)	0.4	1998.12.16 (紫阳)
	最小	−16.4	1991.12.28 (山阳)	−12.2	1991.12.28 (镇巴)	−15.4	1991.12.28 (镇坪)	−16.4	1991.12.28 (山阳)		最小	−16.4	1991.12.28 (山阳)	−12.2	1991.12.28 (镇巴)	−15.4	1991.12.28 (镇坪)

陕西茶叶产区气象要素月值(三)

气象要素		月降水量/mm				月日照时数/h			
区域		陕南茶区	汉中茶区	安康茶区	商洛茶区	陕南茶区	汉中茶区	安康茶区	商洛茶区
1月	平均	7.1	6.7	7.2	7.6	100.8	85.2	99.6	138.8
	最大	57.6	36.7	56.1	57.6	201.4	162.2	179.1	201.4
	最小	0	0	0	0	15.1	15.1	18.7	59.2
2月	平均	12.9	11.8	14.0	12.9	90.6	79.3	89.6	118.0
	最大	66.2	56.9	66.2	51.6	212.1	168.9	188.4	212.1
	最小	0	0	0	0	10.9	11.1	10.9	36.3
3月	平均	31.4	28.3	33.3	33.9	119.9	108.2	122.1	141.3
	最大	101.9	101.9	89.3	93.3	241.8	208.7	221.7	241.8
	最小	0.2	0.2	2.5	1.3	4.4	24.4	4.4	60.9
4月	平均	56.3	54.7	62.3	46.2	150.2	141.1	150.4	170.6
	最大	151.9	151.9	144.2	111.7	244.3	234.0	234.3	244.3
	最小	0.9	13.4	10.8	0.9	35.8	41.8	35.8	85.1

续表

气象要素		月降水量/mm				月日照时数/h			
区域		陕南茶区	汉中茶区	安康茶区	商洛茶区	陕南茶区	汉中茶区	安康茶区	商洛茶区
5月	平均	94.2	96.3	101.7	72.9	170.6	168.4	166.1	185.5
	最大	351.8	351.8	262.4	196.5	278.1	240.3	249.9	278.1
	最小	5.1	14.8	19.2	5.1	65.9	66.9	65.9	95.8
6月	平均	111.2	107.7	123.7	90.8	168.7	162.3	168.9	182.5
	最大	387.1	362.3	387.1	227.7	258.3	234.9	243.9	258.3
	最小	11.2	11.2	18.7	14.6	68.2	68.4	73.4	68.2
7月	平均	175.6	185.8	172.1	160.9	181.4	175.8	187.1	181.2
	最大	673.7	673.7	482.2	456.7	302.4	292.5	302.4	296.9
	最小	6.7	6.7	13.3	38.0	60.3	60.3	60.9	84.3
8月	平均	143.7	146.8	144.4	135.2	178.0	172.5	184.8	174.9
	最大	689.9	689.9	357.0	371.1	303.6	280.2	303.6	294.7
	最小	5.6	5.6	6.9	13.0	33.9	33.9	75.8	68.3

续表

气象要素		月降水量/mm				月日照时数/h			
区域		陕南茶区	汉中茶区	安康茶区	商洛茶区	陕南茶区	汉中茶区	安康茶区	商洛茶区
9月	平均	131.6	150.3	123.3	108.0	117.6	107.2	122.3	130.2
	最大	704.1	704.1	445.6	430.7	227.7	192.3	210.2	227.7
	最小	11.0	18.1	12.5	11.0	22.0	22.0	26.5	43.3
10月	平均	76.8	76.5	81.4	67.2	104.3	91.2	104.3	133.7
	最大	286.6	286.6	239.4	273.5	229.5	194.5	202.4	229.5
	最小	5.7	10.3	13.0	5.7	0	0	23.9	50.0
11月	平均	28.9	30.0	30.2	23.6	100.9	83.2	102.3	137.7
	最大	155.8	155.8	99.9	109.9	231.2	176.2	199.6	231.2
	最小	0	0.4	0	0.2	14.3	18.3	14.3	68.5
12月	平均	9.3	9.1	9.9	8.2	99.0	79.5	99.6	141.7
	最大	39.8	39.8	35.3	38.9	218.6	181.4	190.0	218.6
	最小	0	0	0	0	11.4	13.9	11.4	70.8

陕西茶叶产区气象要素月值(四)

气象要素		月平均风速/(m/s)				月大风天数/d			
区域		陕南茶区	汉中茶区	安康茶区	商洛茶区	陕南茶区	汉中茶区	安康茶区	商洛茶区
1月	平均	1.2	1.0	1.3	1.4	0	0	0	0
	最大	3.4	2.5	3.4	3.4	5	1	2	5
	最小	0.1	0.1	0.3	0.4	0	0	0	0
2月	平均	1.5	1.3	1.6	1.6	0	0	0	0
	最大	4.2	2.6	4.2	4.0	5	2	3	5
	最小	0.3	0.3	0.3	0.5	0	0	0	0
3月	平均	1.6	1.4	1.7	1.7	0	0	0	0
	最大	4.5	2.8	4.5	3.7	9	3	9	5
	最小	0.5	0.5	0.5	0.8	0	0	0	0
4月	平均	1.5	1.3	1.6	1.7	0	0	0	1
	最大	3.9	3.0	3.5	3.9	6	4	4	6
	最小	0.5	0.5	0.5	0.8	0	0	0	0

续表

气象要素		月平均风速/(m/s)				月大风天数/d			
区域		陕南茶区	汉中茶区	安康茶区	商洛茶区	陕南茶区	汉中茶区	安康茶区	商洛茶区
5月	平均	1.4	1.3	1.5	1.5	0	0	0	0
	最大	3.5	2.5	3.5	3.2	7	4	4	7
	最小	0.4	0.4	0.4	0.7	0	0	0	0
6月	平均	1.3	1.2	1.4	1.4	0	0	0	0
	最大	3.3	2.0	3.0	3.3	4	2	4	4
	最小	0.3	0.3	0.4	0.6	0	0	0	0
7月	平均	1.3	1.1	1.4	1.4		0	0	1
	最大	3.3	2.4	3.3	3.1	6	5	6	4
	最小	0.3	0.3	0.5	0.6	0	0	0	0
8月	平均	1.3	1.1	1.4	1.2	0	0	0	0
	最大	3.3	2.3	3.3	3.2	4	2	4	3
	最小	0.3	0.3	0.5	0.5	0	0	0	0

续表

气象要素		月平均风速/(m/s)				月大风天数/d			
区域		陕南茶区	汉中茶区	安康茶区	商洛茶区	陕南茶区	汉中茶区	安康茶区	商洛茶区
9月	平均	1.1	1.0	1.3	1.1	0	0	0	0
	最大	2.9	2.0	2.9	2.7	3	2	2	3
	最小	0.4	0.4	0.4	0.4	0	0	0	0
10月	平均	1.1	0.9	1.2	1.1	0	0	0	0
	最大	3.3	1.9	3.3	3.0	5	1	4	5
	最小	0.2	0.2	0.3	0.4	0	0	0	0
11月	平均	1.1	0.9	1.3	1.3	0	0	0	0
	最大	3.7	2.2	3.7	3.5	5	2	3	5
	最小	0.2	0.2	0.3	0.5	0	0	0	0
12月	平均	1.1	0.9	1.3	1.3	0	0	0	0
	最大	3.7	2.2	3.6	3.7	6	1	3	6
	最小	0.1	0.1	0.3	0.4	0	0	0	0

陕西茶叶产区气象要素旬值

气象要素		旬平均气温/℃				旬降水量/mm				旬日照时数/h				旬平均最低气温/℃				旬平均最高气温/℃			
区域		陕南茶区	汉中茶区	安康茶区	商洛茶区	陕南茶区	汉中茶区	安康茶区	商洛茶区	陕南茶区	汉中茶区	安康茶区	商洛茶区	陕南茶区	汉中茶区	安康茶区	商洛茶区	陕南茶区	汉中茶区	安康茶区	商洛茶区
1月上旬	平均	2.6	2.4	3.3	1.5	2.0	1.8	2.0	2.3	34.4	29.3	34.1	46.2	−1.0	−1.0	−0.2	−2.9	8.0	7.6	8.4	8.1
	最大	3.9	3.1	3.9	2.0	45.0	21.5	45.0	43.3	86.8	85.0	81.2	86.8	3.6	3.6	3.4	1.4	16.9	14.9	16.9	16.3
	最小	0.8	1.8	1.8	0.8	0	0	0	0	0	0	0	0	−6.6	−4.7	−4.3	−6.6	1.4	1.8	1.4	2.9
1月中旬	平均	2.3	2.3	2.9	1.2	2.8	2.7	3.0	2.8	30.8	25.7	30.4	43.2	−1.1	−1.0	−0.4	−3.1	7.3	7.0	7.6	7.2
	最大	3.6	2.7	3.6	1.8	23.6	23.6	18.4	20.0	80.3	64.6	73.9	80.3	3.5	2.4	3.5	2.1	16.0	14.7	16.0	14.2
	最小	0.6	1.4	1.2	0.6	0	0	0	0	0	0	0	0	−6.3	−4.1	−5.8	−6.3	−1.3	−0.1	−1.3	−0.9
1月下旬	平均	2.7	2.6	3.3	1.5	2.3	2.2	2.2	2.5	35.7	30.1	35.1	49.4	−0.9	−0.8	−0.3	−2.8	7.9	7.5	8.3	7.7
	最大	4.0	3.0	4.0	2.2	18.1	17.9	18.0	18.1	89.6	71.0	79.3	89.6	4.4	3.4	4.4	1.4	15.0	12.7	15.0	14.9
	最小	1.0	1.5	1.3	1.0	0	0	0	0	0	0	0	9.5	−7.7	−7.1	−7.7	−7.4	−2.2	−1.1	−2.2	−0.2
2月上旬	平均	4.1	4.0	4.7	3.0	2.1	2.3	2.0	2.0	34.0	28.8	34.2	45.6	0.2	0.4	0.8	−1.7	9.6	9.2	9.9	9.5
	最大	5.4	4.4	5.4	3.7	26.8	26.8	14.8	14.5	85.5	68.1	81.3	85.5	6.3	6.0	6.3	3.6	16.6	15.6	16.6	16.4
	最小	2.4	2.9	2.7	2.4	0	0	0	0	0	0	0	4.2	−7.2	−3.9	−4.5	−7.2	0	2.5	0	3.5

续表

气象要素		旬平均气温/℃				旬降水量/mm				旬日照时数/h				旬平均最低气温/℃				旬平均最高气温/℃			
区域		陕南茶区	汉中茶区	安康茶区	商洛茶区	陕南茶区	汉中茶区	安康茶区	商洛茶区	陕南茶区	汉中茶区	安康茶区	商洛茶区	陕南茶区	汉中茶区	安康茶区	商洛茶区	陕南茶区	汉中茶区	安康茶区	商洛茶区
2月中旬	平均	5.3	5.3	5.8	4.3	6.1	5.3	6.9	5.9	31.0	26.7	31.0	40.7	1.5	1.7	2.1	−0.1	10.6	10.3	10.9	10.5
	最大	6.6	5.7	6.6	5.0	53.6	53.6	45.1	41.2	79.9	63.6	75.0	79.9	7.1	6.3	7.1	4.3	18.4	16.5	17.8	18.4
	最小	3.6	4.1	3.6	3.8	0	0	0	0	0.6	0.6	1.6	8.8	−4.6	−2.4	−3.1	−4.6	2.6	4.2	2.6	2.7
2月下旬	平均	5.9	5.9	6.3	4.8	4.8	4.3	5.1	5.0	25.5	23.8	24.5	31.7	2.2	2.4	2.8	0.6	11.0	10.9	11.1	10.6
	最大	7.1	6.4	7.1	5.4	50.0	50.0	43.8	32.3	82.2	74.6	71.2	82.2	7.8	6.7	7.8	5.2	18.7	18.6	18.4	18.7
	最小	3.8	4.7	3.8	4.2	0	0	0	0	0	0	0	1.3	−4.2	−1.3	−3.3	−4.2	1.6	2.9	1.6	3.2
3月上旬	平均	7.4	7.3	8.0	6.5	6.8	6.1	7.2	7.6	41.7	37.7	42.2	49.4	2.9	3.0	3.5	1.3	13.5	13.2	13.9	13.3
	最大	8.9	7.8	8.9	7.0	47.1	47.1	37.2	46.4	87.9	87.9	81.6	85.6	7.9	6.8	7.9	5.2	20.5	19.0	20.5	18.8
	最小	5.5	6.2	5.5	6.0	0	0	0	0	1.1	1.1	1.9	9.7	−4.0	−1.3	−1.8	−4.0	4.9	6.8	4.9	6.3
3月中旬	平均	9.6	9.5	10.1	8.8	10.8	9.3	11.5	12.3	35.8	32.1	36.6	42.2	5.4	5.6	5.9	4.0	15.4	15.0	15.9	15.3
	最大	10.9	10.0	10.9	9.4	84.0	84.0	55.2	56.4	92.0	82.0	79.6	92.0	11.2	10.3	11.2	8.2	23.2	21.9	23.2	22.3
	最小	7.5	8.3	7.5	8.4	0	0	0	0	0	0	0	0	0.3	2.1	0.7	0.3	6.0	7.3	6.0	8.5

续表

气象要素		旬平均气温/℃				旬降水量/mm				旬日照时数/h				旬平均最低气温/℃				旬平均最高气温/℃			
区域		陕南茶区	汉中茶区	安康茶区	商洛茶区	陕南茶区	汉中茶区	安康茶区	商洛茶区	陕南茶区	汉中茶区	安康茶区	商洛茶区	陕南茶区	汉中茶区	安康茶区	商洛茶区	陕南茶区	汉中茶区	安康茶区	商洛茶区
3月下旬	平均	10.9	10.8	11.3	10.0	13.8	12.8	14.6	14.1	42.4	38.4	43.2	49.6	6.5	6.6	7.0	5.1	16.8	16.4	17.2	16.6
	最大	12.2	11.3	12.2	10.6	89.1	70.2	89.1	69.6	98.4	85.7	85.2	98.4	12.5	11.5	12.5	9.5	26.7	24.6	26.7	25.4
	最小	8.6	9.5	8.6	9.6	0	0	0	0	0	3.5	0	7.8	0.4	2.9	2.0	0.4	7.6	7.6	8.0	9.2
4月上旬	平均	13.4	13.2	13.9	13.0	17.5	16.5	19.5	15.4	42.0	38.8	41.1	51.1	8.9	8.9	9.4	7.6	19.5	19.0	19.8	19.7
	最大	14.8	13.7	14.8	13.2	81.8	81.8	73.5	56.3	87.5	74.7	86.9	87.5	12.8	11.9	12.8	11.2	26.1	25.5	26.1	25.1
	最小	11.3	11.9	11.3	12.5	0	0	0	0	0	0	0	3.5	4.3	4.5	4.4	4.3	8.8	8.8	10.0	10.9
4月中旬	平均	15.1	14.8	15.6	14.7	18.9	18.0	21.5	15.4	52.2	48.8	52.4	59.0	9.9	9.8	10.6	8.8	21.7	21.3	22.1	22.0
	最大	16.6	15.3	16.6	15.0	100.9	95.3	100.9	72.8	96.7	94.6	95.6	96.7	14.5	13.9	14.5	12.4	29.1	27.6	29.1	28.4
	最小	12.9	13.5	12.9	14.2	0	0	0	0	1.7	9.0	1.7	19.1	5.2	5.5	5.5	5.2	14.1	14.9	14.1	15.8
4月下旬	平均	16.8	16.6	17.3	16.3	19.8	20.2	21.4	15.4	56.1	53.4	56.8	60.5	11.6	11.6	12.1	10.2	23.6	23.0	24.0	23.8
	最大	18.2	17.2	18.2	16.6	109.0	109.0	94.6	63.4	99.4	90.7	97.8	99.4	17.1	16.8	17.1	15.9	32.3	29.4	32.3	30.5
	最小	14.5	15.4	14.5	15.8	0	0	0.5	0	3.8	3.8	10.6	13.9	6.6	7.8	6.8	6.6	14.7	16.4	14.7	16.8

续表

气象要素		旬平均气温/℃				旬降水量/mm				旬日照时数/h				旬平均最低气温/℃				旬平均最高气温/℃			
区域		陕南茶区	汉中茶区	安康茶区	商洛茶区	陕南茶区	汉中茶区	安康茶区	商洛茶区	陕南茶区	汉中茶区	安康茶区	商洛茶区	陕南茶区	汉中茶区	安康茶区	商洛茶区	陕南茶区	汉中茶区	安康茶区	商洛茶区
5月上旬	平均	18.6	18.4	19.0	18.0	25.7	27.2	27.4	18.9	57.9	57.9	56.4	61.7	13.4	13.4	14.0	12.2	25.2	25.0	25.6	25.2
	最大	20.0	19.1	20.0	18.4	168.3	168.3	114.9	119.4	100.2	94.3	97.7	100.2	18.7	18.1	18.7	16.6	34.2	31.1	34.2	30.7
	最小	16.0	17.1	16.0	17.6	0	0	0	0	5.4	5.4	10.3	12.6	6.7	7.4	6.7	7.1	16.2	16.5	16.2	18.9
5月中旬	平均	19.2	19.1	19.5	18.6	34.4	33.4	38.6	27.2	54.7	53.3	53.3	60.8	14.3	14.3	14.9	13.0	25.5	25.3	25.8	25.6
	最大	20.7	19.8	20.7	19.1	267.6	267.6	158.8	86.6	114.3	107.2	108.0	114.3	18.9	17.6	18.9	16.5	32.8	30.8	32.8	31.1
	最小	16.3	17.7	16.3	18.2	0	0	0	0.2	1.2	5.8	1.2	9.4	9.8	10.7	9.8	9.8	16.2	18.1	16.2	19.1
5月下旬	平均	20.6	20.5	20.9	20.1	34.1	35.6	35.7	26.8	58.0	57.3	56.5	63.0	15.9	15.9	16.4	14.6	26.8	26.6	27.0	27.1
	最大	22.1	21.2	22.1	20.6	196.2	196.2	137.1	105.3	114.7	104.3	107.9	114.7	20.8	19.4	20.8	19.3	31.9	31.3	31.9	31.6
	最小	17.5	19.1	17.5	19.7	0	0.1	0	0	3.3	13.1	10.4	3.3	10.9	12.4	10.9	11.4	20.0	21.9	20.0	20.2
6月上旬	平均	22.0	21.9	22.3	21.5	33.4	31.5	37.8	27.5	55.5	53.5	55.4	60.3	17.4	17.5	17.8	16.0	28.1	27.6	28.3	28.4
	最大	23.7	22.6	23.7	22.0	161.2	153.4	161.2	106.3	110.3	99.7	104.8	110.3	21.8	20.7	21.8	18.8	35.0	32.8	35.0	33.5
	最小	18.8	20.4	18.8	21.1	0	1.3	0	0	0	8.0	0	3.0	12.1	14.1	12.1	12.8	19.8	22.2	19.8	21.7

续表

气象要素		旬平均气温/℃				旬降水量/mm				旬日照时数/h				旬平均最低气温/℃				旬平均最高气温/℃			
区域		陕南茶区	汉中茶区	安康茶区	商洛茶区	陕南茶区	汉中茶区	安康茶区	商洛茶区	陕南茶区	汉中茶区	安康茶区	商洛茶区	陕南茶区	汉中茶区	安康茶区	商洛茶区	陕南茶区	汉中茶区	安康茶区	商洛茶区
6月中旬	平均	23.1	22.9	23.5	22.8	32.3	29.8	37.0	27.1	55.8	52.6	56.2	62.2	18.6	18.7	19.0	17.4	29.0	28.4	29.4	29.6
	最大	24.9	23.7	24.9	23.2	139.1	127.7	139.1	127.6	120.5	105.5	120.5	114.0	22.7	21.8	22.7	19.7	36.9	35.1	36.9	36.3
	最小	19.9	21.3	19.9	22.4	0	0	0	0	2.9	3.3	2.9	8.4	13.4	14.0	13.4	14.4	20.9	20.9	21.1	23.0
6月下旬	平均	24.0	23.8	24.4	23.9	45.5	46.3	48.9	36.2	57.3	56.1	57.3	60.0	19.7	19.6	20.1	18.9	29.8	29.3	30.1	30.3
	最大	25.7	24.5	25.7	24.3	243.8	243.8	216.4	115.6	103.2	103.2	100.5	94.8	24.7	22.5	24.7	21.6	38.0	34.3	38.0	36.2
	最小	20.8	22.4	20.8	23.5	0	0.8	0.9	0	2.4	2.4	7.1	19.4	13.4	15.4	13.4	15.0	20.5	23.9	20.5	25.2
7月上旬	平均	24.6	24.3	25.0	24.4	63.5	72.3	60.3	50.7	51.6	49.9	51.7	55.1	20.8	20.6	21.2	20.2	29.8	29.2	30.2	30.2
	最大	26.2	25.1	26.2	24.7	443.7	443.7	267.0	196.3	112.0	107.1	110.4	112.0	24.8	23.6	24.8	23.0	36.4	33.9	36.4	35.5
	最小	21.8	22.7	21.8	24.1	0	0	0	0	1.4	3.7	1.4	12.0	15.0	17.2	15.0	17.7	22.3	23.5	22.3	25.3
7月中旬	平均	25.2	24.9	25.6	24.8	59.1	58.2	61.4	55.9	57.3	55.9	59.0	56.8	21.3	21.1	21.7	20.6	30.5	30.0	31.0	30.6
	最大	26.9	25.7	26.9	25.1	306.3	306.3	266.1	231.9	107.5	104.5	107.5	106.5	26.9	26.0	26.9	24.7	40.0	37.1	40.0	37.0
	最小	22.4	23.4	22.4	24.5	0	0	0	0	0.3	9.1	0.3	17.5	17.0	17.3	17.0	17.2	23.3	24.3	23.3	25.0

续表

气象要素		旬平均气温/℃				旬降水量/mm				旬日照时数/h				旬平均最低气温/℃				旬平均最高气温/℃			
区域		陕南茶区	汉中茶区	安康茶区	商洛茶区	陕南茶区	汉中茶区	安康茶区	商洛茶区	陕南茶区	汉中茶区	安康茶区	商洛茶区	陕南茶区	汉中茶区	安康茶区	商洛茶区	陕南茶区	汉中茶区	安康茶区	商洛茶区
7月下旬	平均	25.9	25.6	26.4	25.4	53.0	55.2	50.3	54.3	72.5	70.0	76.4	69.3	21.9	21.6	22.3	21.3	31.5	31.0	32.1	31.1
	最大	27.7	26.5	27.7	25.6	292.6	292.6	274.7	219.5	125.1	117.4	125.1	123.1	25.5	24.4	25.5	23.8	37.1	35.3	37.1	35.5
	最小	22.8	23.9	22.8	25.2	0	0	0	0.1	13.8	13.8	24.7	20.4	16.6	18.2	16.6	18.0	24.7	26.2	24.7	26.5
8月上旬	平均	25.9	25.6	26.5	25.2	41.5	38.0	42.8	46.1	65.5	63.9	68.6	62.2	21.9	21.7	22.4	21.2	31.5	31.1	32.2	31.0
	最大	27.8	26.5	27.8	25.4	234.7	175.6	185.5	234.7	120.1	107.2	120.1	112.2	25.9	24.8	25.9	24.2	37.5	36.8	37.5	34.9
	最小	22.9	24.0	22.9	25.0	0	0	0	0	5.7	5.7	20.3	8.8	16.3	18.1	16.3	18.2	24.0	26.2	24.0	26.3
8月中旬	平均	24.3	24.0	24.9	23.6	53.9	57.2	52.7	49.0	55.1	53.0	57.3	54.8	20.6	20.4	21.3	19.8	29.7	29.3	30.3	29.2
	最大	26.2	24.9	26.2	23.8	353.4	353.4	271.1	228.7	107.7	101.9	100.7	107.7	26.4	25.2	26.4	23.4	36.8	35.3	36.8	34.5
	最小	21.6	22.4	21.6	23.3	0	0	0	0	7.3	9.7	7.3	8.5	16.0	16.0	16.2	16.7	21.0	22.8	21.0	22.5
8月下旬	平均	23.3	23.1	23.8	22.6	48.4	51.6	48.9	40.2	57.4	55.5	58.9	57.9	19.6	19.5	20.1	18.6	28.8	28.4	29.2	28.5
	最大	25.1	23.9	25.1	22.8	264.0	264.0	256.5	174.2	123.4	121.4	123.4	117.2	24.6	23.4	24.6	22.2	38.5	36.6	38.5	36.4
	最小	20.6	21.5	20.6	22.2	0	0.2	0	0	3.9	6.7	3.9	6.3	14.9	16.0	14.9	15.4	21.5	21.9	21.5	22.7

续表

气象要素		旬平均气温/℃				旬降水量/mm				旬日照时数/h				旬平均最低气温/℃				旬平均最高气温/℃			
区域		陕南茶区	汉中茶区	安康茶区	商洛茶区	陕南茶区	汉中茶区	安康茶区	商洛茶区	陕南茶区	汉中茶区	安康茶区	商洛茶区	陕南茶区	汉中茶区	安康茶区	商洛茶区	陕南茶区	汉中茶区	安康茶区	商洛茶区
9月上旬	平均	21.8	21.5	22.3	21.0	51.9	58.8	49.1	42.9	43.0	39.6	45.4	45.4	18.3	18.3	18.9	17.3	26.9	26.4	27.5	26.7
	最大	23.6	22.3	23.6	21.3	327.7	327.7	249.9	166.7	102.7	91.4	96.4	102.7	23.9	22.5	23.9	21.4	36.6	34.5	36.6	34.6
	最小	19.2	19.9	19.2	20.7	0	0	0	0	0	0	0	0	14.0	15.0	14.0	14.8	18.0	18.0	19.9	19.6
9月中旬	平均	19.8	19.6	20.3	19.1	38.5	42.4	37.6	32.2	40.0	37.2	41.2	43.6	16.4	16.4	16.9	15.2	25.0	24.5	25.4	25.0
	最大	21.5	20.3	21.5	19.5	275.0	275.0	177.8	164.5	89.5	89.5	86.5	88.1	23.0	22.3	23.0	20.6	33.0	31.8	33.0	30.9
	最小	17.2	18.0	17.2	18.8	0	0	0	0	0	0	0	0	11.4	12.4	11.4	11.5	17.0	17.4	17.0	17.6
9月下旬	平均	18.2	18.0	18.7	17.5	41.1	49.2	36.6	33.0	34.5	30.4	35.6	41.2	15.0	15.1	15.5	13.5	23.1	22.5	23.6	23.3
	最大	19.8	18.7	19.8	17.8	371.4	371.4	242.5	170.9	97.0	88.9	97.0	93.0	19.7	18.1	19.7	17.0	28.5	27.1	28.5	28.5
	最小	15.9	16.5	15.9	17.1	0	0	0	0	0	0	0	0	8.2	10.2	9.2	8.2	16.1	16.7	16.9	16.1
10月上旬	平均	16.5	16.3	17.0	15.7	31.8	33.6	32.2	26.8	35.8	31.2	36.4	44.6	13.1	13.3	13.7	11.5	21.6	21.0	22.1	22.0
	最大	18.0	16.9	18.0	16.2	201.5	201.5	180.5	198.2	87.9	85.9	87.9	86.5	18.6	16.4	18.6	15.6	29.9	27.6	29.9	29.5
	最小	14.2	14.8	14.2	15.3	0	0	0	0	0	0	0	0	7.0	9.1	8.0	7.0	13.2	14.9	13.2	15.8

续表

气象要素		旬平均气温/℃				旬降水量/mm				旬日照时数/h				旬平均最低气温/℃				旬平均最高气温/℃			
区域		陕南茶区	汉中茶区	安康茶区	商洛茶区	陕南茶区	汉中茶区	安康茶区	商洛茶区	陕南茶区	汉中茶区	安康茶区	商洛茶区	陕南茶区	汉中茶区	安康茶区	商洛茶区	陕南茶区	汉中茶区	安康茶区	商洛茶区
10月中旬	平均	14.7	14.6	15.2	13.8	28.2	27.2	29.9	26.6	28.7	25.1	28.4	37.7	11.8	12.0	12.4	10.1	19.3	18.8	19.7	19.6
	最大	16.2	15.3	16.2	14.4	138.5	138.5	101.0	118.5	83.8	63.5	74.2	83.8	16.5	15.6	16.5	14.4	27.1	24.6	27.1	26.9
	最小	12.6	13.2	12.6	13.4	0	0.3	0	0	0	0	0	0	6.7	7.6	7.6	6.7	11.8	12.9	11.8	12.3
10月下旬	平均	12.8	12.6	13.3	11.9	16.8	15.8	19.3	13.8	39.8	34.9	39.5	51.5	9.3	9.5	10.0	7.4	18.2	17.6	18.6	18.8
	最大	14.1	13.1	14.1	12.5	113.6	113.6	100.2	87.3	99.7	80.6	93.1	99.7	14.9	13.6	14.9	11.5	23.9	21.9	23.9	23.5
	最小	11.0	11.5	11.0	11.3	0	0	0	0	0	0	0	21.2	2.0	4.4	3.3	2.0	12.7	12.7	13.2	14.2
11月上旬	平均	11.2	10.9	11.7	10.3	12.8	11.7	14.5	11.7	38.9	32.6	40.1	50.4	7.4	7.5	8.1	5.4	17.0	16.2	17.4	17.7
	最大	12.5	11.3	12.5	10.9	79.2	79.2	74.8	64.8	95.5	70.8	88.8	95.5	12.5	10.7	12.5	8.6	24.7	22.5	24.7	23.8
	最小	9.7	10.0	9.9	9.7	0	0	0	0	0	7.8	0	12.1	1.6	3.1	2.2	1.6	9.4	11.1	9.4	10.9
11月中旬	平均	8.5	8.3	9.0	7.6	11.0	12.8	10.2	8.5	31.1	25.7	30.7	43.9	5.0	5.1	5.8	3.1	13.6	13.0	14.0	14.1
	最大	9.7	8.6	9.7	8.1	146.8	146.8	85.2	48.9	83.7	70.7	79.0	83.7	10.2	9.2	10.2	6.8	20.0	19.5	20.0	19.5
	最小	7.0	7.4	7.3	7.0	0	0	0	0	0	0	0	7.8	−1.6	0.4	−1.2	−1.6	5.0	5.4	5.0	5.5

续表

气象要素		旬平均气温/℃				旬降水量/mm				旬日照时数/h				旬平均最低气温/℃				旬平均最高气温/℃			
区域		陕南茶区	汉中茶区	安康茶区	商洛茶区	陕南茶区	汉中茶区	安康茶区	商洛茶区	陕南茶区	汉中茶区	安康茶区	商洛茶区	陕南茶区	汉中茶区	安康茶区	商洛茶区	陕南茶区	汉中茶区	安康茶区	商洛茶区
11月下旬	平均	6.9	6.6	7.7	6.0	5.1	5.5	5.5	3.4	31.0	24.8	31.5	43.5	3.6	3.5	4.5	1.6	12.0	11.2	12.6	12.5
	最大	8.3	7.2	8.3	6.6	37.9	36.5	37.9	20.5	82.1	69.5	77.4	82.1	9.9	9.3	9.9	7.2	18.2	17.9	18.2	17.0
	最小	5.4	5.7	6.0	5.4	0	0	0	0	0	0	0	4.3	−2.9	−0.8	0.1	−2.9	4.7	4.7	5.8	6.2
12月上旬	平均	5.1	4.8	5.9	4.1	2.9	3.0	3.2	2.1	31.2	24.7	31.3	45.5	1.7	1.7	2.5	−0.3	10.1	9.4	10.7	10.6
	最大	6.5	5.4	6.5	4.5	28.2	21.0	28.2	24.5	84.1	63.1	74.9	84.1	6.8	6.3	6.8	3.9	17.8	15.5	17.8	16.9
	最小	3.5	4.0	4.2	3.5	0	0	0	0	0	0	0	9.7	−4.0	−2.9	−2.5	−4.0	3.8	4.9	3.8	5.1
12月中旬	平均	3.7	3.4	4.4	2.7	2.9	2.8	3.0	2.6	31.9	26.0	31.5	46.2	0.2	0.3	1.1	−1.7	8.8	8.2	9.2	9.2
	最大	4.9	4.1	4.9	3.1	23.6	23.3	18.4	23.6	84.0	66.8	80.8	84.0	5.0	4.3	5.0	1.6	17.0	13.4	16.5	17.0
	最小	2.0	2.8	2.7	2.0	0	0	0	0	0	1.6	0	1.1	−6.0	−4.7	−3.8	−6.0	1.7	2.8	1.7	2.7
12月下旬	平均	2.7	2.4	3.4	1.7	3.5	3.3	3.7	3.5	35.9	28.8	36.7	50.1	−0.8	−0.8	−0.1	−2.6	7.8	7.2	8.3	8.2
	最大	3.9	3.0	3.9	2.2	29.8	20.5	29.8	24.4	89.5	84.8	86.4	89.5	4.8	3.6	4.8	2.9	16.5	12.0	15.3	16.5
	最小	1.0	1.7	1.9	1.0	0	0	0	0	0	0	0	0	−7.5	−5.7	−6.2	−7.5	−0.5	1.2	−0.5	0.6

7.5 陕西茶树气象周年服务重点

1月

重要天气：大风降温（寒潮）；

主要节气：小寒、大寒。

区域	主要农时与农事	重点关注气象要素	主要农业气象灾害及其影响特征
陕南	茶树越冬期：冻害防御	日最低气温≤−10 ℃	茶树冻害：冬季遇低于−10 ℃低温，致使茶树树体、冬芽冻伤甚至冻死

2月

重要天气：大风降温（寒潮）；

主要节气：立春、雨水。

区域	主要农时与农事	重点关注气象要素	主要农业气象灾害及其影响特征
陕南	茶树越冬期：冻害防御；浅耕；追施催芽肥；修剪	日最低气温≤−10 ℃	茶树冻害：冬季遇低于−10 ℃低温，致使茶树树体、冬芽冻伤甚至冻死

3月

重要天气：倒春寒、干旱；

主要节气：惊蛰、春分。

区域	主要农时与农事	重点关注气象要素	主要农业气象灾害及其影响特征
陕南	茶树萌芽开采期：追施催芽肥；蓬面有5%～10%新稍时即可开采	日平均气温≤7 ℃；日最低气温≤−6 ℃；日最低气温≤0 ℃	1. 日平均气温≤7 ℃：不利于茶树萌芽生长； 2. 日最低气温≤−6 ℃的低温冻害易造成茶叶停止生长，形成褐变，一芽一叶、一芽二叶冻伤枯萎，春茶严重减产； 3. 早春霜冻：茶树进入积极生长期，遇早春霜东害，会使茶树的顶芽、腋芽受损或停止萌发，且后发出来的春茶芽叶由于冻伤消耗大量养分常常又稀又瘦，从而严重影响茶树的产量和品质

4月

重要天气：倒春寒、干旱；

主要节气：清明、谷雨。

区域	主要农时与农事	重点关注气象要素	主要农业气象灾害及其影响特征
陕南	春茶采摘期：分批多次采摘春茶（每隔 3～4 d 采一批）	日最低气温≤0 ℃；日平均气温≤10 ℃；月降水量≤50 mm、空气相对湿度≤60％	1. 早春霜冻：茶树进入积极生长期，遇早春霜东害，会使茶树的顶芽、腋芽受损或停止萌发，且后发出来的春茶芽叶由于冻伤消耗大量养分常常又稀又瘦，从而严重影响茶树的产量和品质； 2. 日平均气温≤10 ℃，不利于茶芽萌发和积极生长； 3. 月降水量≤50 mm，空气相对湿度≤60％，无法满足茶树生长水分需求，空气中相对湿度过低时，茶树呼吸强度增大，由此所耗去的二氧化碳量大于同期光合作用合成的量，而且叶质粗硬，影响茶叶产量和品质

5月

重要天气:高温、干旱;

主要节气:立夏、小满。

区域	主要农时与农事	重点关注气象要素	主要农业气象灾害及其影响特征
陕南	春茶采摘期;整园修剪期:春茶后浅耕除草、追肥、修剪	日最高气温≥35 ℃;空气相对湿度≤60%、月降水量≤50 mm	1. 日最高气温≥35 ℃,茶树芽、叶生长受到抑制,不利于茶树生长; 2. 月降水量≤50 mm,空气相对湿度≤60%,无法满足茶树生长水分需求

6月

重要天气：高温、干旱、暴雨；

主要节气：芒种、夏至。

区域	主要农时与农事	重点关注气象要素	主要农业气象灾害及其影响特征
陕南	夏茶采摘期：分批多次采摘夏茶（每隔5～7 d采一批）	日最高气温≥35 ℃；日降水量≥100 mm；月降水量≤50 mm、空气相对湿度≤60％	1. 暴雨洪涝灾害：茶园易积水，造成茶树新梢卷缩、焦枯，叶片失绿、干枯或脱落，或使根系因缺氧而死亡，导致烂根死树等，严重时致使茶园、茶树冲毁淹没； 2. 月降水量≤50 mm，空气相对湿度≤60％，无法满足茶树生长水分需求，空气中相对湿度过低时，茶树呼吸强度增大，由此所耗去的二氧化碳量大于同期光合作用合成的量，而且叶质粗硬，影响茶叶产量和品质

7月

重要天气：暴雨、高温、干旱；

主要节气：小暑、大暑。

区域	主要农时与农事	重点关注气象要素	主要农业气象灾害及其影响特征
陕南	旺长期：夏茶结束后浅耕；茶园高温干旱、暴雨灾害防御；茶园保墒；病虫防治	月降水量偏少20％以上，且日最高气温≥35 ℃持续日数；日降水量≥100 mm；月降水量≤50 mm、空气相对湿度≤60％	1. 高温干旱：在伏旱天气中，茶园内蒸腾蒸发增强，土壤水分和茶树植株内的水分散失很快，收支难以平衡，受其影响，茶树芽、叶的生长受到抑制，茶树的质量和产量将会明显下降； 2. 暴雨洪涝灾害：茶园易积水，造成茶树新梢卷缩、焦枯，叶片失绿、干枯或脱落，或使根系因缺氧而死亡，导致烂根死树等，严重时致使茶园、茶树冲毁淹没； 3. 月降水量≤50 mm，空气相对湿度≤60％，无法满足茶树生长水分需求，空气中相对湿度过低时，茶树呼吸强度增大，由此所耗去的二氧化碳量大于同期光合作用合成的量，而且叶质粗硬，影响茶叶产量和品质

8月

重要天气：暴雨、高温、干旱；

主要节气：立秋、处暑。

区域	主要农时与农事	重点关注气象要素	主要农业气象灾害及其影响特征
陕南	旺长期：浅耕除草；茶园高温干旱、暴雨灾害防御；茶园保墒；病虫害防治	月降水量偏少20%以上，且日最高气温≥35 ℃持续日数；日降水量≥100 mm；月降水量≤50 mm、空气相对湿度≤60%	1. 高温干旱：在伏旱天气中，茶园内蒸腾蒸发增强，土壤水分和茶树植株内的水分散失很快，收支难以平衡，受其影响，茶树芽、叶的生长受到抑制，茶树的质量和产量将会明显下降； 2. 暴雨洪涝灾害：茶园易积水，造成茶树新梢卷缩、焦枯，叶片失绿、干枯或脱落，或使根系因缺氧而死亡，导致烂根死树等，严重时致使茶园、茶树冲毁淹没； 3. 月降水量≤50 mm，空气相对湿度≤60%，无法满足茶树生长水分需求，空气中相对湿度过低时，茶树呼吸强度增大，由此所耗去的二氧化碳量大于同期光合作用合成的量，而且叶质粗硬，影响茶叶产量和品质

9月

重要天气：暴雨、干旱；

主要节气：白露、秋分。

区域	主要农时与农事	重点关注气象要素	主要农业气象灾害及其影响特征
陕南	秋茶采摘期：分批多次采摘秋茶（每隔5～7 d采一批）；茶园保墒、浅耕除草	日降水量≥100 mm；月降水量≤50 mm、空气相对湿度≤60％	1. 暴雨洪涝灾害：茶园易积水，造成茶树新梢卷缩、焦枯，叶片失绿、干枯或脱落，或使根系因缺氧而死亡，导致烂根死树等，严重时致使茶园、茶树冲毁淹没； 2. 月降水量≤50 mm，空气相对湿度≤60％，无法满足茶树生长水分需求，空气中相对湿度过低时，茶树呼吸强度增大，由此所耗去的二氧化碳量大于同期光合作用合成的量，而且叶质粗硬，影响茶叶产量和品质

10月

重要天气：大风降温（寒潮）；

主要节气：寒露、霜降。

区域	主要农时与农事	重点关注气象要素	主要农业气象灾害及其影响特征
陕南	停采期：秋季修剪；深耕、深施基肥（寒露前为宜）；清园	最低气温≤－10 ℃	茶树冻害：冬季遇低于－10 ℃低温，致使茶树树体、冬芽冻伤甚至冻死

11 月

重要天气：大风降温（寒潮）；

主要节气：立冬、小雪。

区域	主要农时与农事	重点关注气象要素	主要农业气象灾害及其影响特征
陕南	停采期：深施有机肥（最迟在立冬前后完成）；施肥培土、行间铺草、蓬面覆盖以提高土温和预防冻害；全面清园；喷药封园	最低气温≤－10 ℃	茶树冻害：冬季遇低于－10 ℃低温，致使茶树树体、冬芽冻伤甚至冻死

12 月

重要天气：大风降温（寒潮）；

主要节气：大雪、冬至。

区域	主要农时与农事	重点关注气象要素	主要农业气象灾害及其影响特征
陕南	越冬期：深翻除草；冬季深修剪；茶树冻害防御	最低气温≤－10 ℃	茶树冻害：冬季遇低于－10 ℃低温，致使茶树树体、冬芽冻伤甚至冻死

参考文献

黄寿波,金至凤,2010.柑橘优质高产栽培与气象[M].北京:气象出版社.

李星敏,朱琳,贺文丽,等,2013.基于GIS的陕西省农业气候资源与区划[M].西安:陕西科学技术出版社.

李再刚,1984.陕南茶树产区的农业气候分析[J].陕西气象,(09):16-19.

李倬,2005.茶与气象[M].北京:气象出版社.

梁轶,柏秦凤,李星敏,等,2011.基于GIS的陕南茶树气候生态适宜性区划[J].中国农学通报,27(13):79-85.

吕湛,郝永红,卢粉兰,2009.葡萄高产优质栽培与气象[M].北京:气象出版社.

汪志辉,汤浩茹,1970.柑橘精细管理十二个月[M].北京:中国农业出版社.

王景红,李艳莉,刘璐,等,2010.果树气象服务基础[M].北京:气象出版社.

王景红,梁轶,柏秦凤,等,2012.陕西主要果树气候适宜性与气象灾害风险区划图集[M].西安:陕西科学技术出版社.

温克刚,翟佑安,2005.中国气象灾害大典(陕西卷)[M].北京:气象出版社.

赵胜建,2009.葡萄精细管理十二个月[M].北京:中国农业出版社.